"十四五"普通高等教育本科部委级规划教材

艺术设计专业系列教材

产品设计

关　艳 ◎ 编著

U0216658

中国纺织出版社有限公司

内 容 提 要

对于设计专业的学生来说，作品就是核心竞争力，作品就是找工作的敲门砖。设计出硬核的作品，是每个学生都应该树立的目标。《产品设计》本着立德树人、五育并举的高校人才培养目标，将德育、智育、体育、美育、劳育融入日常产品设计专业课程教学中，专注于产品设计程序、方法、实操的讲解，尤其是实际操作，引导和启发学生设计出有创意、有爱心、有社会责任感的作品。

本书适合高等院校和职业技术院校工业设计和产品设计专业的师生阅读，也可供设计爱好者、工业产品设计、设计艺术领域的企事业单位科研、设计人员参考。

图书在版编目（CIP）数据

产品设计 / 关艳编著 . —— 北京：中国纺织出版社有限公司，2024.1

"十四五"普通高等教育本科部委级规划教材

ISBN 978-7-5229-1186-1

Ⅰ . ①产…　Ⅱ . ①关…　Ⅲ . ①产品设计—高等学校—教材　Ⅳ . ① TB472

中国国家版本馆 CIP 数据核字（2023）第 213879 号

责任编辑：宗　静　　特约编辑：朱静波
责任校对：高　涵　　责任印制：王艳丽

中国纺织出版社有限公司出版发行
地址：北京市朝阳区百子湾东里 A407 号楼　邮政编码：100124
销售电话：010—67004422　传真：010—87155801
http://www.c-textilep.com
中国纺织出版社天猫旗舰店
官方微博 http://weibo.com/2119887771
天津千鹤文化传播有限公司印刷　各地新华书店经销
2024 年 1 月第 1 版第 1 次印刷
开本：787×1092　1/16　印张：9.5
字数：168 千字　定价：68.00 元

在你一天的生活中，会用到哪些产品？

你在选购产品的时候，是产品的哪一点打动了你？

在你用到的产品里，哪一件让你记忆深刻？

产品，默默无闻地待在我们生活的各种场景里，帮助我们解决各种问题，协助我们更好地生活。本书将产品界定在"生产出来的物品"这个概念范畴。它是工具、是器物、是物品，更是我们的朋友。产品囊括的范围较大，如各种家用电器、生活用具、办公设备、交通工具……小到一枚绣花针、案头摆设、随身饰物，大到飞机轮船、工业设备等，产品与我们的生活有着千丝万缕的联系，对我们的生活有着重大的影响。比如一张床，是否舒适，对人的身体、心理健康等影响很大。工欲善其事，必先利其器，这也说明了产品作为一种工具的重要性。

我们的祖先用一块石头敲打另一块石头，获取石头的尖角和边刃，用它来切、割、砍、挖，开启了人类征服自然的第一步，引爆了人类造物的开端，也是最早的产品设计。可以说，这些尖角和边刃在人类发展历史上具有重要意义。

今天，那些朴素的尖角和边刃，高贵地端坐在博物馆里，供人们瞻仰和膜拜。现今产品无论是种类，还是功能、形态、材料、工艺，都在飞速发展。产品设计种类也很丰富，人性化产品设计、情感化产品设计、体验产品设计、绿色产品设计等各种设计理念层出不穷。产品与人、环境的关系越来越密切。

产品设计的本质是协助人们解决生存、发展、繁衍过程中遇到的问题，改造自然，提高生产效率。产品设计是科学和艺术的综合体，其科学性体现在产品生产的工具性、严谨性。其艺术性体现在创意的脑洞大开、天马行空。设计产品就像是在谱写一首动人的乐曲，灵感闪现时的心潮澎湃，画图时的手脑共舞，建模渲染时的专心致志，作品完成时的欣慰感动，让人沉醉。每一件精心设计的产品，优美的形体，动人的色彩，细节的韵律，与环境的和谐，兼具实用和欣赏价值，是伟大的艺术品。

产品设计的学科特点首先是具有创新性与实践性，其次是应用性、审美性、技术性等。本书针对产品设计的学科特性，强调将理论与实践结合，艺术与技术结合，创作与应用结合，以适应新时代产品设计创新人才的发展需求。在教学中，以"立德树人"为导向，将"产品设计"的专业性和"课程思政"的育人性进行融合，注重德才兼备型人才的培养路径研究。

本书是作者十七年教学、科研和创新、创业实践工作的经验总结，从宏观上展现了产品设计是什么，做什么，怎么做的问题。在具体划分上，按照产品设计的流程共划分了七个章节。第一章主要讲产品设计是什么，第二章主要讲选题。这两章阐述了产品设计是什么，产品做什么以及选题的方法、途径、评价等。第三到第六章是创意实践部分，主要讲如何进行设计定位、如何制订意向方案、如何手绘及绘制什么内容等。针对每一个章节，详细讲解了每个步骤的意义、方法技巧、如何评价等问题。第七章主要讲解计算机辅助设计，建模部分主要讲解模型怎么制作以及制作到什么程度，渲染部分主要讲解渲染图达到什么效果才算表达到位，版式部分主要讲解版式如何设计制作。每个内容都配备实际案例，展示如何操作，希望学生既能看得懂又能动手实践，真正做到学以致用。

在武汉纺织大学副校长傅欣教授、艺术与设计学院院长石元伍教授、副院长曹凯、刘凡的支持和帮助下，历经两年，完成了本书的编写工作。同时，武汉纺织大学艺术与设计学院产品设计系的郭芳、杨家芳、刘勇等老师，对本书提出了宝贵的意见和建议。书中涉及了大量的设计案例，大多数是历届武汉纺织大学艺术与设计学院产品设计专业学生的作品。在此，对所有领导、同事以及同学们表示真诚的感谢！

此外，书中其他图片多来源于网络媒体，因无法一一注明出处，谨向这些图片的版权拥有者致以最诚挚的歉意和衷心的感谢！

由于编者学识有限，故书中尚有欠妥之处，敬请学界同仁和广大读者批评指正。

关艳

2023年3月

教学内容与课时安排

章（课时）	课程性质（课时）	节	课程内容
第一章 （2课时）	基础理论 （8课时）	•	**产品设计是什么**
		一	产品设计的定义
		二	产品设计的范畴
		三	产品设计师所需技能
		四	就业分析
		五	工业设计与产品设计
第二章 （6课时）		•	**产品设计做什么**
		一	创意解读
		二	设计方向
		三	选题途径
		四	选题评价
第三章 （8课时）	理论与实践 （56课时）	•	**产品设计调研**
		一	产品调研
		二	用户调研
第四章 （8课时）		•	**产品设计定位**
		一	What——什么东西
		二	Who——给谁用
		三	Why——为什么用
		四	When——什么时间用
		五	Where——在哪里用
		六	How ——怎么用
		七	How Much——花多少费用
第五章 （8课时）		•	**产品设计意向**
		一	意向词
		二	意向图

续表

章（课时）	课程性质（课时）	节	课程内容
第六章 （16课时）	理论与实践 （56课时）	●	**产品设计手绘表达**
		一	形态概述
		二	方案概念草图
		三	方案整体效果图
		四	方案细节图
		五	方案结构图
		六	方案CMF图
		七	使用流程图
		八	生命五品图
第七章 （16课时）		●	**计算机辅助设计**
		一	建模
		二	渲染
		三	版式设计
		四	方案汇报PPT

注 各院校可根据自身教学特点和教学计划对课时数进行调整。

目 录

第一章

产品设计是什么

课题名称：产品设计是什么

课题内容： 1.产品设计的定义

2.产品设计的范畴

3.产品设计师所需技能

4.就业分析

5.工业设计与产品设计

课题时间： 2课时

教学目的：通过本章的学习，使学生对产品设计有一个比较深入的了解，知道产品设计是什么、产品做什么、成为一个产品设计师需要具备什么技能、未来可以到哪里工作、发展前景怎样等。

教学方式：理论讲解，PPT展示，课堂讨论

教学要求： 1.了解产品设计的概念和范畴。

2.了解产品设计师必须具备的技能。

随着科技的不断进步和需求的日益多样化，产品设计不断发展变革。现在，越来越多的产品设计采用了虚拟现实、人工智能、机器学习等新技术，以此提高用户体验和产品的智能化水平。例如，智能家居、智能穿戴设备、智能车间等，这些智能化的产品设计不仅提高了产品的用户体验，还满足了用户日益增长的需求。产品设计不仅要考虑产品功能和美观，还要关注材料的环保与经济，促进社会可持续发展。

第一节
产品设计的定义

产品设计的过程包括从制订出新产品设计任务书起，到设计出产品样品为止的一系列技术工作。设计创新的工作内容是制订产品设计任务书及实施设计任务书中的项目要求，包括产品的性能、结构、规格、形式、材质、内在和外观质量、寿命、可靠性、使用条件、应达到的技术经济指标等。产品设计应该做到：①设计的产品应是先进的、高质量的，能满足用户使用需求。②产品的制造者和使用者都能取得较好的经济效益。③从实际出发，充分注意资源条件及生产、生活水平，做最适宜的设计。④提高产品的系列化、通用化、标准化水平。其主要种类有：新产品自行设计，外来样品实物测绘仿制，外来图纸设计，老产品的改进设计❶。具体来说，产品设计包含产品的造型设计、产品的功能设计、产品的结构设计、产品的色彩设计、产品的材料工艺设计等内容的综合设计。

许多人认知中的工业产品是体力劳动，是和大型机械设备打交道的，需要很大的力气，会让人每天处于浑身油污的状态，而不是脑力劳动，不是小到一枚绣花针、大到飞机轮船的概念中的工业产品设计。发展到2000年左右，开设工业产品设计专业的学校也较多了，但是当时的信息交流不如今天便捷又快速，所以了解这个专业的人依旧不多，学这个专业转行的人却很多。截至2023年1月，大数据显示有400多所学校设置有产品设计专业。人们越来越了解这个专业，从事的人也越来越多，这个专业也越来越受重视。

---

❶ 何盛明. 财经大辞典[M]. 北京：中国财政经济出版社，1990.

第二节
产品设计的范畴

广义的产品包含可以满足人们需求的所有载体。本书是从"为解决某种问题，被生产出来的物品"这个角度来定义的。

产品设计是一个包含艺术、文化、历史、工程、材料、经济、技术等学科的综合性专业。产品设计的主要目的就是设计好用好看又环保的产品，来解决人们生活中遇到的各种问题（表1-1）。

表1-1 产品设计的范畴

分类	举例
衣	衣帽、服饰、箱包、鞋等遮羞、蔽体、保温、装饰类产品
食	锅、碗、瓢、盆、勺、铲、筷等烹炒炸煮蒸和装盛食物的产品
住	桌、椅、凳、沙发、床等坐卧依躺靠及照明类产品
行	油动、电动、光动等各类交通工具
娱	文、音、影、联等电子和非电子产品
工	工具设备等各种与工具相关的产品

从表1-1可知产品设计的范畴是非常广泛的，几乎囊括人们生活的方方面面。从起床开始用的漱口杯、牙刷，到出行用的各种交通工具，工作的工具、设备、装备，到晚上睡前用的娱乐设备、睡觉用的床等。所以学习产品设计专业，就业方向非常广泛。如果喜欢鞋包，你可以到鞋企、包企去工作；如果喜欢家具，你可以进家具公司；还可以去各种家电企业、车企等。喜欢挑战，可以进设计公司；喜欢自由，可以自己开公司，只要能力足够。

所以，产品设计是什么呢？它是一个与我们生活中用到的各种产品打交道的学科专业。如果你发现了产品的问题，并且提出了解决方案，那么你也在做产品设计（图1-1）。

图1-1 各种产品设计

第三节
产品设计师所需技能

产品设计是典型的交叉学科，既有科学的理性，又有艺术的感性，同时还受教育背景、地域环境、社会形态、文化观念以及经济等多种因素的制约和影响。它是一种融合功能与形式、技术与艺术为一体的创造性活动。所以，想要成为一名产品设计师，需要多方面的技能，需要有自学的能力，需要持续学习，真正做到活到老学到老（表1-2）。

表1-2　产品设计师所需技能

专业技能		非专业技能	
调研	学会使用各种调研工具，定性/定量调研，获得有效设计和参考数据	学习	要有自学、持续学习的能力
手绘	能用手绘表达、呈现、交流自己的创意	审美	要有知美丑、辨美丑、创造美的能力
建模	学会一种三维软件，做到精细建模	沟通	要有表达自己创意的能力，合作能力
渲染	学会一种渲染软件，做到真实出图	应变	发现新事物、接受新事物、运用新事物
修图	学会一种修图软件，做到美观出图	思维	要有发现问题、分析问题、解决问题的能力
排版	学会一种平面软件，做到美观排版	洞察力	要有敏锐的洞察市场、洞察人心理、洞察需求的能力
模型	动手制作方案模型，感受人机重要性	管理	要有管理时间、情绪、项目的能力
摄影	学会一些摄影技巧，提高审美能力	决策	敏锐的判断，果断的决策
剪辑	学会一种视频剪辑软件，做到动态输出	人品	要善良，富有同理心
……	……	……	……

作为产品设计师，既要有从方案调研到落地的专业能力，又要有审美、管理、沟通等各种非专业能力，尤其要有正直的人品，富有同理心，见表1-2。

大学四年，既要好好培养自己的专业技能，也要好好地培养自己的非专业技能。专业技能决定我们能不能找到工作，非专业技能影响我们职业生涯的高度和长度。好好地利用四年时间，锤炼表1-2所示技能，为就业打下坚实的基础。

第四节
就业分析

产品设计专业毕业后可以在企事业单位、产品设计公司或教学、科研单位，从事产品设计、结构工程、UI设计、交互设计、视觉传达设计和教学、科研等工作（表1-3）。

表1-3　产品设计行业和企业名称（根据大数据整理）

行业	企业名称
家居用品	意可可、美丽雅、佳佰、佳帮手等
家具	全友、皇朝、曲美、联邦、红苹果等
家电	格力、美的、九阳等家电企业
玩具	乐高、美泰、万代、孩之宝、费雪、澳贝等
文具	晨光、得力、齐心等
交通工具	红旗、吉利、长城、荣威、奇瑞等车企
珠宝首饰	周大福、周生生、六福珠宝、老凤祥、周大生等珠宝公司
箱包	爱华仕等箱包企业
鞋帽	李宁、安踏、百丽、达芙妮、千百度等企业
医疗	鱼跃、欧姆龙、可孚、稳健等企业
……	……

除表1-3所示的行业和企业，还有雨伞企业、陶瓷企业、卫浴五金等企业。产品设计专业相关的企业类型太多，此处不一一列举。产品设计企业类型、企业名称和特点见表1-4。

表1-4　产品设计企业类型、企业名称和特点（根据大数据整理）

类型	具体企业	特点
大型外企	西门子、一汽大众等	待遇高，发展潜力大，竞争激烈
国内大型通信企业	中兴、华为等	待遇较高，发展潜力大，竞争激烈
国内大型企业	格力、美的、吉利等	福利好，发展潜力大，薪资参差不齐
设计公司	洛可可、浪尖、木马等	薪资福利较好，经常加班，比较累
……	……	……

　　"大厂"一直是同学们争相抢夺的"香饽饽"，其实随着国家、政府和企业越来越认可产品设计专业，很多私企的福利待遇也很好，像厦门、晋江、泉州等地的企业待遇都不错，政府也给引进的人才很多优惠政策（表1-5）。

表1-5　薪资水平（根据大数据整理）

工资	年限			
	应届	0~2年	3~5年	……
元/每月	3000~5000	8000~15000	20000~50000	……

　　影响薪资水平的主要因素有：第一是能力，第二是所在的城市，第三是行业。如果设计师能力强，且行业比较热门（比如汽车行业），相对来说工资会比较高。

　　总体而言，长三角和珠三角、北京企业比较多，需求量比较大。深圳据说是工业设计师的摇篮，广东据说是中国工业设计最为发达的区域，有许多工厂，供应链生产优势也很明显。上海、杭州、广州、佛山、顺德、珠海、东莞、中山等城市，产品设计岗位相对较多（图1-2）。

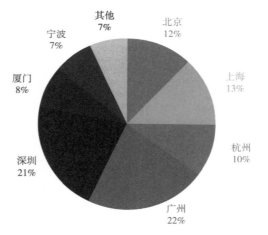

图1-2　产品设计行业就业地域占比（根据大数据整理）

第五节
工业设计与产品设计

　　很多同学对这两个专业有些迷惑，他们是一样的吗？

改革开放至今，对于学科目录和专业设置的大规模调整，一共进行了4次。

第一次修订目录于1987年颁布实施，修订后的专业种数由1300多种调减到671种，专业名称和专业内涵得到整理和规范。1984年，学成回国的柳冠中教授，在当时的中央工艺美术学院，也就是今天的清华大学美术学院，创建了我国第一个"工业设计系"，招生对象是美术类艺考生。这个时期，工业设计专业已经存在，但是还没有列入《普通高等学校本科专业目录》中。

第二次修订目录于1993年正式颁布实施，专业种数为504种，重点解决专业归并和总体优化的问题，形成了体系完整、统一规范、比较科学合理的本科专业目录。这一年，工业设计专业正式出现于《普通高等学校本科专业目录》中❶。

第三次修订目录于1998年颁布实施，修订工作按照"科学、规范、拓宽"的原则进行，使本科专业目录的学科门类达到11个，专业类71个，专业种数由504种减到249种，改变了过去过分强调"专业对口"的教育观念和模式。这一年，产品设计专业尚未纳入《普通高等学校本科专业目录（1998年版）》。但是很多高校以目录外专业，进行招生办学，如云南艺术学院于2000年创办产品设计专业❷，上海师范大学于2002年创办产品设计专业❸，郑州商学院于2007年创办产品设计专业❹。

第四次修订目录于2012年颁布实施，新目录的学科门类由原来的11个增至12个，新增艺术学门类；专业类由原来的73个增至92个；专业由原来的635种调减至506种，其中基本专业352种，特设专业154种❺。这一年，产品设计专业正式出现在《普通高等学校本科专业目录新旧专业对照表》中，它由原艺术设计专业（部分）（专业代码：050408）和原工业设计专业（部分）（专业代码：080303）合并而来❻。

第五次修订目录于2020年颁布实施，在《普通高等学校本科专业目录（2012年）》基础上，增补了近年来批准增设的目录外新专业❼。2020年2月，在中华人民共和国教育部印发的《普通高等学校本科专业目录（2020年版）》中，产品设计专业隶属于艺术学、设计学类，专业代码为130504❽，这两个专业的异同点，见表1-6。

---

❶ 中华人民共和国国家教育委员会高等教育司. 中国普通高等学校本科专业设置大全[M]. 上海：华东师范大学出版社，1994.
❷ 产品设计专业-设计学院. 云南艺术学院.
❸ 产品设计专业（设计学类）. 上海师范大学.
❹ 产品设计专业（本科）-艺术学院. 郑州商学院.
❺ 2012教育部新颁高校本科专业目录. 新浪教育. 2012-10-12.
❻ 教育部关于印发《普通高等学校本科专业目录（2012年）》《普通高等学校本科专业设置管理规定》等文件的通知，中华人民共和国教育部政府门户网站. 中华人民共和国教育部.
❼ 教育部关于公布2019年度普通高等学校本科专业备案和审批结果的通知，中华人民共和国教育部政府门户网站. 中华人民共和国教育部.
❽ 教育部关于公布2019年度普通高等学校本科专业备案和审批结果的通知——中华人民共和国教育部政府门户网站. 中华人民共和国教育部.

表1-6　产品设计与工业设计异同点

专业名称	专业目录隶属	招生对象	本科毕业授予学位	就业
产品设计	艺术学—设计学类	美术类艺考生	艺术学学士学位	设计公司或各类产品制造企业
工业设计	工学—机械类	文化生	工学学士学位	设计公司或各类产品制造企业

　　通过上表可以看出，这两个专业的招生部门、生源、授予学位都不相同，但是最后的就业方向大致相同。

　　两个专业在课程设置上有很多相同的课程，也有一些不同的其他特色课程、专项课程。比如同济大学的工业设计和产品设计专业关联很强，比较难区分。所以，这两个专业有某种程度上的相似，也有某一些差异，不能说毫无关系，也不能说毫无差别，有很多交叉的地方，主要看各个学校的专业设置和生源。

本章小结

- 产品设计是将设计学、艺术学、美学、人机工程学和生产实践等多方面的知识融合到一起的创造性的过程。
- 产品设计旨在设计出外形美观、性能卓越、结构稳定、操作方便、人机交互良好、符合环保法规等特性的产品。
- 产品设计是一个涉及创意、功能、工业、商业等多个层面的综合性活动，旨在满足用户需求，达到商业利益最大化和市场竞争优势的目标。
- 产品设计包含从概念设计到制造的全过程，包括设计方案的开发和评估、原型设计、工程细节设计、物料选择、成本控制、生产工艺和质量管理等方面的工作。

思考与练习

1.什么是产品设计？
2.成为一个产品设计师需要具备什么技能？
3.谈谈对产品设计专业的就业认知。

第二章

产品设计做什么

课题名称： 产品设计做什么

课题内容： 1.创意解读

2.设计方向

3.选题途径

4.选题评价

课题时间： 6课时

教学目的： 通过本章的学习，让学生打开视野和格局，树立
正确的人生观和价值观，既有宏观视野，能够站
在人类社会发展的高度思考问题，还要有微观细
腻感，能够洞察细节，寻找问题。让学生知道应
该做什么产品，通过什么方法或途径寻找课题，
以及如何评价选题。

教学方式： 理论讲解，课堂讨论

教学要求： 1.了解什么是创意。

2.了解产品设计应该做什么。

3.知道通过什么方法或途径寻找选题。

4.思考如何评价选题。

在多年的教学过程中，我发现很多同学在手绘和计算机软件方面能力都很强，然而却无法创作出富有创意的作品，因此参赛时往往难以脱颖而出。大多数学生都面临着不知道做什么的难题。在设计工作中，发现问题是一种主观能动性较强的脑力劳动。这个步骤需要设计者拥有广博的知识和开阔的视野，并且要细心地研究，保持耐心并持之以恒。解决问题是一种偏技术的脑体协作劳动。这个步骤需要进行大量的实验和练习。爱因斯坦说过，在科学领域中，提出问题往往比解决问题更重要。在设计中，发现问题比解决问题更难、更重要。努力可以解决问题，但不一定能够发现问题。所以平时的学习中，必须要提高观察、思考和反思的能力，多看、多想、多练。

"选题"是一个非常重要的问题，虽然"做什么"很难找到，但是选题决定了作品的价值和成败。解决问题的第一步就是提出问题，选对了选题就等于成功完成了一半的设计任务。如果选错了题目，哪怕付出许多努力，后续的工作和时间也将被视为无用功。

我国著名哲学家张世英说："能提出像样的问题，不是一件容易的事，却是一件很重要的事。说它不容易，是因为问题本身就需要研究；一个不研究某一行道的人，不可能提出某一行道的问题。也正因为要经过一个研究过程才能提出一个像样的问题，所以我们可以说，问题提得像样了，这篇论文的内容和价值也就很有几分了。这就是选题的重要性之所在。"这段话是针对论文选题来说的，但我认为对于设计选题同样具有指导作用。"干什么"？只有选取有意义的选题并制订出有价值的产品方案，才能达到积极的效果和价值。如果选题和方案不具备功能价值和解决问题的价值，即使花费了大量时间和精力，最终的成果也不会有什么积极的意义和价值。

第一节
创意解读

我们要做什么呢？

做有创意的东西。

大家都会这么说，也会这么想。但是什么是创意？创意怎么来？

先来看看什么是创意。创是创造或者创新，意是意识或者意思。创意就是创造意识或者创造意思，创新意识或者创新意思。这里，在百度百科是这样定义意识的：心理学意义上的意识指赋予现实的心理现象的总体，是个人直接经验的主观现象，表现为知、情、意三者的统一；而生物学意义上的意识指人的大脑、小脑、丘脑、下丘脑、基底核等，将视觉、听觉、触觉、嗅觉、味觉等各种感觉信息，经脑神经元逐级传递分析为样本，由丘脑合成为丘觉，并发放至大脑联络区，令大脑产生觉知，即意识。这种感觉的东西，科学上来说暂时是不能创造的，所以创造或者创意意识，本书不做讨论。意思，指意义和思想。换一种新的说法，创造一种从未有过的意义，本书主要以这个视角为研究基点（图2-1）。

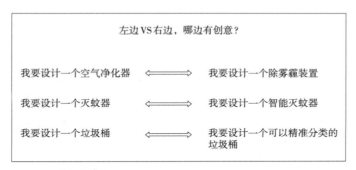

图2-1　哪个有创意①

创造，是一个动词，意思是建立、想出或做出从未有过的事物。如果我们通过设计，创造出来了从未有过的、能够给人们的生活带来舒适或便捷的产品，那算不算有创意呢？当然算。在产品设计领域，我们把这种设计行为称为创新性设计。

创新，是一个动词，意思是抛开旧的，创造新的。这个设计行为的特点在于"新的"，而不是"从未有过的"。如果通过设计，让旧的产品使用更方便，外形更美观，更节能、更环保，那算不算有创意呢？当然算。在产品设计领域，我们把这种设计行为称为改良性设计，这种设计活动有一种继承性、延续性、改进性、提升性。

创意是一种通过创新思维意识，从而进一步挖掘和激活资源组合方式提升资源价值的方法（图2-2）。

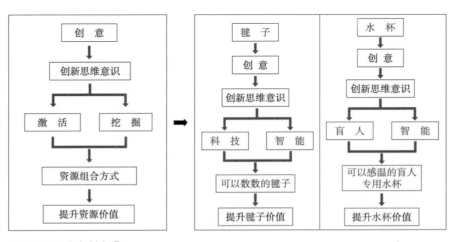

图2-2　哪个有创意②

弄懂了什么是创意，再来研究创意怎么做。我们通常认为靠灵感。灵感是什么？百度百科中灵感也叫灵感思维，指文艺、科技活动中瞬间产生的富有创造性的突发思维状态。不用平常的感觉器官而能使精神互相交通，也称远隔知觉，或指无意识中突然兴起的神妙能力。通常搞创作的学者或科学家常常会用灵感一词来描述自己对某件事情或状态的想法或研究。

但是，日常的生活学习中，如何有这么多的"瞬间产生"和"突发兴起"？如果创作完全依靠灵感，那就是"守株待兔"了。那些我们所说有创意的东西，无非是设计师花了很多时间思考生活，研究生活。生活中不是缺少美，只是我们习惯了视而不见、充耳不闻。设计不是没有切入点，只是我们习惯了存在即合理、存在即完美。做设计需要灵感，更需要有"剥洋葱"的精神，需要扒开表象，从横向和纵向多个维度去做研究。

创意怎么来呢？

创意来源于生活。创意就藏在生活的点滴里，需要我们对生活仔细地观察，通过观察，找到需求点。

创意来源于积累。平时需要多积累好看的图片，专业的非专业的都可以，制作自己的素材库，学会变通和嫁接，创意就藏在积累的资料里。

创意来源于多看、多想、多记录。平时看到问题要多思考，把自己的所想所感做成设计笔记，创意就藏在笔记里。

设计，需要敏锐的洞察力，所以，要想成为优秀的设计师，就要做一个细心的人。

第二节
设计方向

设计具体要做什么呢？学生做作品，主要目的是参加比赛，也有一些校企合作项目，校企合作是命题项目，所以不存在做什么的问题。那么学生做的东西，主要就是参赛，获奖与否是对学生能力的检测。

经过多年的观察和总结，笔者认为获奖作品有这样几个等级：一级，创意突出，制作效果逼真，版式完整精美。二级，创意突出，制作比较精致，版式完整美观；或者创意比较新颖，制作精良，版式完整精美。三级，有创意，方案表达逼真，版式完整精美。四级，创意一般，但方案表达逼真，版式完整精美。获得大奖的往往是创意非常好，效果表达非常真实到位，版式设计完整精美的作品。如果创意不是那么突出，但是方案的表达到位，氛围感满满的作品，也是可以获奖的。不管哪个等级，不管是造型、色彩，还是版式设计，都必须美观。作为一名设计专业的学生，必须提高自己的审美水平，无论何时何地、是否有创意，所呈现的作品都必须要美观。有创意要美，没有创意更要美（图2-3）。

回到主题，做什么呢？

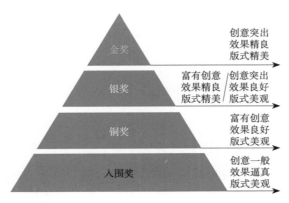

图2-3　获奖解读

一、设计功能突出的产品

产品必须能够为人们解决某个问题，使用便捷、舒适的产品，必定会得到人们的认可和青睐。产品设计的目的是人。我们说当古人用一块石头敲击另一块石头的时候，设计就诞生了。用一块石头敲击另一块石头的目的是什么？是为了将石头敲出粗糙的尖角和边刃当作工具，用来协助人们完成刺、戳、切、割等动作。由此可见，设计是有目的的，设计的产品是带着功能和使命诞生的，功能是成为产品的先决条件。因此，在构思做什么的时候，一定要清晰明确地定义出产品的功能（图2-4）。

案例：

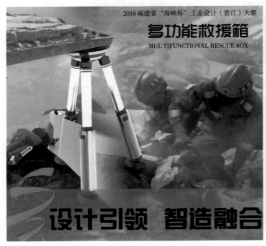

（a）

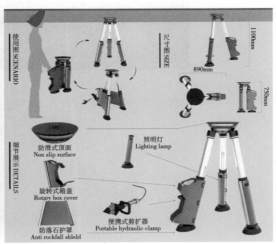

（b）

图2-4　多功能救援箱（作者：梁快）

如图2-4所示，为一款集照明灯、千斤顶、液压仪、防落石护罩、剪扩器等于一体的救援装备。这个方案要解决的突出问题就是：当发生泥石流、地震、塌方等自然灾害时，用这套装备来救援。功能清晰明了，制作精细，结构细节等设计得比较深入，配色既有行业特征，也很美观，版式设计表达到位，从创意到最后的版式呈现都非常优秀。该作品荣获2016年福建省"海峡杯"工业大赛优秀奖。

二、设计美观的产品

我们经常说："喜欢一个人，始于颜值，陷于才华，忠于人品。"产品和人是一个道理，外表决定了你是否愿意购买它、拥有它、使用它。设计师就是产品的造型师，只有经过设计师的精心雕琢，才能让产品拥有出色的颜值。所以，我们提交的任何作品，"美"应该是其基本前提。审美是设计专业学生必须具备的基本素养之一。

对于产品设计专业的学生来说，用计算机辅助软件建一个精致的产品模型，用渲染软件制作一系列质感到位，氛围拉满的渲染图，设计一个完整精美的版式，就是在做美观的产品设计。创意很难，不容易掌控，可遇不可求。但是，美是我们可以通过认真、细心和努力达到的。如果方案不能富有创意，至少可以做到赏心悦目（图2-5）。

案例：

（a）

（b）

图2-5　光韵（作者：刘通）

如图2-5所示，这个灯具设计，有创意吗？没有。但是看着就觉得很漂亮、温柔、质朴且富有亲和力，因此，这是美观的作品的设计。

三、设计具有前瞻性的产品

《哆啦A梦》是一部日本动画片，于20世纪90年代初进入中国。主要讲述了一只来自22世纪的机器猫哆啦A梦，在主人野比世修的托付下，回到20世纪，利用从四维口袋中取出来的各种未来道具，帮助世修的高祖父——小学生野比大雄解决生活中遇到的各种困难和问题，由此而发生的一系列轻松幽默又感人的故事。这部动画片趣味十足，充满幽默感，深深地印在了很多人的童年记忆里。此片让所有观众都渴望拥有一只机器猫，它拥有四次元口袋，里面充满了稀奇古怪的物品，可以帮助我们解决各种问题。现在已经过去三十多年了，许多曾经保存于口袋里的梦想都已经实现了。比如家庭服务机器人VS扫地机器人。为了整理和打扫屋子，哆啦A梦"召唤"出了一台"自动擦洗地板机器人"，它可以清扫地板上的垃圾灰尘、喷水、拖地、擦干，一切工作高效快速、有条不紊（图2-6）。小时候看到这里我们也会想：如果有这样一台机器，妈妈就再也不用辛苦地擦地板了。

图2-6 哆啦A梦

在2000年前后，帮忙扫地、吸尘、擦地的智能机器人就不断涌现，并且逐渐走进日常生活领域，帮助主人分担家务。当我们在众多机器人品牌间进行挑选时，再想起曾经出现在漫画中的那台机器人，也会忍不住会心一笑吧（图2-7）。《哆啦A梦》动画片中有间谍卫星跟踪小夫，今天有昆虫机器人探索地形；动画片中有竹蜻蜓，今天有单人飞行器；动画片中有朋友圈、任意门、徽章追踪器、对讲手表，今天有儿童定位手表，等等。

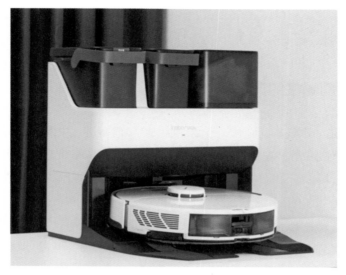

图2-7　石头扫地机器人（Pininfarina）

"前瞻性"的意思是眼光放得长远，思想上具有敏锐的洞察力和预见性，它起着引导和启发作用。对设计师来说，前瞻性思维可以拓宽认知维度及思维边界，可以让设计师不局限于短期商业目标，持有长远视角，对未来可能性进行先驱式的系统及原型设计。对企业来说，前瞻性思维可以促进企业更新转型，洞察商机，为企业带来丰厚利润。对人们来说，它可以找到新的生活方式，让人和自然更好地和谐共处。社会就是在这种探索中曲折前进的。

四、设计有情绪价值的产品

情绪，是对一系列主观认知经验的通称，是人对客观事物的态度体验以及相应的行为反应，是多种感觉、思想和行为综合产生的心理和生理状态。最普遍、通俗的情绪有喜、怒、哀、惊、恐、爱等，也有一些细腻微妙的情绪如嫉妒、惭愧、羞耻、自豪等。

无论正面还是负面的情绪，都会引发人们行动的动机。比如，你今天戴了一副金边近视眼镜，为了与这副眼镜相配合，你可能会搭配一套西装、一双皮鞋。这个装扮的你，在教室里面就会安静斯文。比如出游，你就会佩戴墨镜和运动装，你的行为动作就会活泼富有张力，声音会大而兴奋。

因此，产品设计可以通过正面情绪引导，使人感受积极的情绪，体验积极的情感共鸣，如开心、乐观、自信、安全、欣赏、放松等，从而让人们产生正面行为，促进社会和谐发展。

如图2-8所示，摸摸头，是父母对子女的爱抚，是给受伤者的心灵慰藉。作为使用者，"摸摸头"是对自己的安抚，这个创意设计让灯和人形成对话，给人情绪价值。该作品荣获2016年湖北省大学生信息技术创新大赛三等奖。

案例:

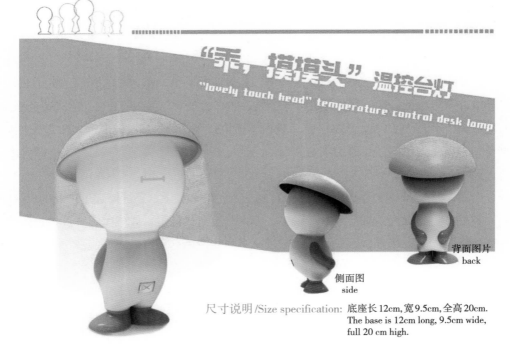

尺寸说明 /Size specification: 底座长 12cm,宽 9.5cm,全高 20cm.
The base is 12cm long, 9.5cm wide,
full 20 cm high.

设计说明 / illustrate:

摸摸头温控台灯是一款情感性灯具,卡通可爱的小人儿
造型给人一种温暖的感觉,当你回到家,你只需要摸一
下它的头,它就会亮起来,并且给你一个温暖的微笑,
让你卸下整天的疲惫。当你连摸两下和三下,可以调节
它的亮度。同时它还具备插座电源的功能,当你按下它
的小肚子就可以给手机充电,给你一个暖暖的夜晚。

Touch the head temperature control desk lamp isan affective
lamps and lanterns. Cartoon cute little modelling give a person
a kind of warm feeling. when you come home, You only need
to touch its head, it will light up. And give you a warm smile,
Allow you to unload the exhaustion of allday. When you
touch the two and three, can adjustthe brightness of it. At the
same time it also has the function of the power supply socket,
whenyou can press the belly to charge their phone, give you a
warm night.

摸头开关和调节亮度:
Learn the ropes switch and adjust brightness:

充电功能 /Charging function:

在台灯通电的过程中,打开肚脐的盖子就可
以给手机进行充电了
In the process of desk lamp power, open the lid
of thenavel can be used to charge the phone.

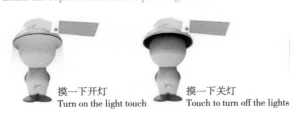

摸一下开灯
Turn on the light touch

摸一下关灯
Touch to turn off the lights

连摸两下或三下灯光变亮
Even touch two, or three lights brighten

图2-8 "乖,摸摸头"温控台灯(作者:游春丽)

五、设计有意境的产品

意境是指文艺作品中描绘的生活图景与所表现的思想情感融为一体而形成的艺术境界，是指那种情景交融、虚实相生、活跃着生命律动的韵味无穷的诗意空间。意境的特点是景中有情，情中有景，情景交融。

意境，是中国独有的一个诗学和美学术语，它像空谷幽兰，不为别人开放，也不为其他事物开放，只为自身盛开。意境之美，在于通过形式的转变、意义的转化、境况的转换、心灵的转化和情感的转化，营造出独一无二的艺术魅力。形体是为意境做准备，意境是为神韵做准备，神韵是为了回到生命的本性做准备。这是一段移情之美，即将自然美学移到场景共情，形成人—物—景—事的共情。

一个产品，如果能够在优质的功能、舒适的使用感的基础上，还能够通过产品的形状、色彩、神韵等，去诱导人们进行想象和联想，给人营造出或浪漫、或唯美、或静谧、或闻花香、或听海浪的各种场景，形成人—物—景—事的共情，这个产品应该能获得人们的认同和肯定。

案例：

如图2-9所示，"光音的故事"，是一个可以播放音乐的灯具，可以在餐厅、书房、角落使用。通过分析，这个产品的主要功能是音乐和照明，由照明联想到光，然后就想到了《光阴的故事》这首歌，通过谐音，取名为"光音的故事"。产品的情感与歌曲的情绪之间融合得很好，文艺且有画面感和故事感。让人一看就能记住，印象深刻。作品名称就能表达出意境，再看作品：圆满的外形，格栅的韵律，温暖的光照着书香，缓缓的音乐流经耳朵，手里一杯清茶，这是多么享受的一刻！该作品荣获2015年福建省"海峡杯"工业大赛，铜奖。

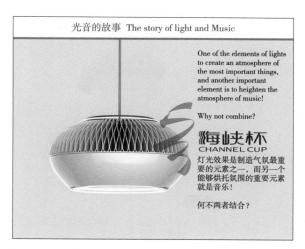

图2-9 光音的故事（作者：朱霄）

六、设计积极的正能量的产品

一位同学跟我讨论，说他想做一把既可以打鸟又可以打鱼的枪，将采用红外线瞄准技术和防水材料。我问他为什么想要选择这个主题。他说小时候打鸟捉鱼很有趣，但工具质量不佳，所以现在想设计一个更好的工具。我告诉学生，打鸟捕鱼捕猎野生动物已被禁止，如有违反该规定，将要承担刑事责任。然后他提出可以将其出售给外国或非洲的买家来使用。大家如何看待这个选题呢？

20世纪60年代末，美国的设计理论家维克多·巴巴纳克出版了他最著名的著作《为真实世界的设计》，在这本书里，他首次提出了设计伦理性的问题。书中，巴巴纳克明确地提出了设计的三个主要问题：①设计应该为广大人民服务，而不是只为少数富裕国家服务。在这里，他特别强调设计应该为第三世界的人民服务。②设计不但为健康人服务，同时还必须考虑为残疾人服务。③设计应该认真地考虑地球的有限资源使用问题，设计应该为保护我们居住的地球的有限资源服务。从这些问题上来看，巴巴纳克的观点明确了设计伦理性在设计中的积极作用。

设计伦理性作为设计艺术在新世纪所思考的新的艺术设计的方向，恰恰满足了现代设计艺术处理综合设计关系的问题，使设计艺术有了时代性的实际理论的指导。设计伦理性要求设计中必须综合考虑人、环境、资源的因素，着眼于长远利益，发扬人性中美的、善的、真的方面，运用伦理学，取得人、环境、资源的平衡和协同，在当下重新呼吁设计艺术的人文精神。

因此，设计要有边界，设计要合法合理。产品设计师应该做积极的、正能量的设计选题，尽自己的一份力，用设计让人与自然更和谐，让生活更美好。

案例：

近年来，森林火灾时有发生。防范森林火灾，形势紧迫，人人有责。开学时，刚好上产品设计研究方法的课程，一位同学将自己的见闻感受与所学专业相结合，设计了这款森林防火烟雾报警器，希望能够为解决森林火灾的问题，贡献自己的一点力量（图2-10）。仿生斗笠的造型，寓意为你遮风挡雨，守护共同的家园。太阳能持续供电，节约环保；摄像检测和烟雾检测双管齐下，及时将信息传递给护林员或者相关工作人员，对森林火灾起到及时检测和防范的作用。这就是人类命运共同体理念的设计体现和专业体现。

图2-10 森林防火烟雾报警器（作者：王子静）

七、设计有故事的产品

我们常说，好的设计是在讲一个故事。这句话包含两重含义，第一，好的设计师会讲故事。第二，好的设计作品会讲故事。如果你不能讲一个好故事，那你可能无法成为一名优秀的设计师。设计师应该成为出色的故事叙述者，将产品设计得尽可能简单、高效，让人们只需要几秒就能快速理解作品的设计理念，如同讲故事一样。

史蒂夫·乔布斯说过："世界上最有权势的人就是讲故事的人。他们设定了未来一整代人的愿景、价值观和议程。"

在为自己的产品设定长期的愿景、价值观和议程时，设计师应该学会成为乔布斯所说的出色的故事叙述者。设计师要从"怎么办"开始，一直跟进直到问题解决。就像德国插画艺术家克里斯托夫·尼曼（Chritophe Niemann）说的，语言的力量在于，你能将一个非常复杂的概念用简单、有效的形式表达出来。

案例：

如图2-11所示，2023年清明前夕，张剑老师及团队设计的作品。隐隐的哀伤，通过胸花底座的毛毡，刺碰到离心脏最近的肌肤。每一朵胸花，都是一种人生，都是一个故事。张剑老师说："我的产品不仅仅是商品，而应该附加有更多的情感和认知。"我第一眼看到这个设计作品的时候，就被深深地打动了。我想到了已经逝去的亲人，脑海里闪过一幕一幕，我也想到了我自己。这朵花，是别人的故事，也是自己的故事。当你佩戴上这朵花，你又想到了什么故事呢？

图2-11　刺碰肌肤——清明的胸花（作者：张剑、刘高伟、王超）

第三节
选题途径

知道了设计的方向，具体的选题从哪里来呢？在长期的实践过程中，我总结了以下几条途径，可以让同学们快速地找到比较有价值的设计点。这些途径简单而且容易上手，可以解决大家大海捞针、无从下手的选题困境。

一、以职业为导向，寻找设计点

《中华人民共和国职业分类大典》将我国的职业分为8个大类，66个中类，413个小类，

1831个细类。我们做了非常多日常用品的设计，也为很多大家熟悉的职业做过设计。但是，从职业的角度进行切入，让设计关注各行各业，我们做的仍然不够。在这一千多个细类里面还有很多职业是我们设计没有关注到的。因此，我们可以参照此典来寻找设计点。另外，也可以参考《中国人民保险公司意外伤害保险职业分类表》，这个表也对现在社会上的职业做了非常详细的分类，这些职业都有相应的职业风险，对设计选题来说，针对性更强，更有利于我们快速地找到设计点。

案例：

如图2-12所示的作品的灵感，就来自农牧业（图2-13），设计者看到养殖业者，想到了养蜂人，对养蜂这个工作进行全方

图2-12 蜜蜂的"安全卫士"（作者：刘孜怡）

01 农牧业	0101 农业	010101	种植业者	1
		010102	养殖业者	2
		010103	果农	2
		010104	苗圃工	1
		010105	农业管理人员（不亲自作业）	1
		010106	农业技师	2
		010107	农业工人	2
		010108	农业机械操作或维修人员	3
		010109	农业实验人员	1
		010110	农副特产品加工人员	2
		010111	热带作物生产人员	2
	0102 畜牧业	010201	畜牧管理人员（不亲自作业）	1
		010202	圈牧人员	2
		010203	放牧人员	3
		010204	兽医	1
		010205	动物疫病防治人员	1
		010206	实验动物饲养人员	2
		010207	草业生产人员	2
		010208	家禽，家畜等饲养人员	2
		010209	其他畜牧业生产人员	2

图2-13 农牧业分类

位的调研，然后得出结论，养蜂人最怕蜜蜂生病。围绕这个痛点，设计者设计出蜜蜂健康监测仪，来对蜜蜂进行健康监测，及时预防，及时采取措施，保证蜜蜂健康增产。在职业表里，还有很多设计没有关注到的职业，他们也很需要设计的关怀。

二、以无障碍视角为导向，寻找设计点

无障碍指在行为过程中没有阻碍，活动能够顺利进行。特指环境或制度的一种属性，即一切有关人类衣食住行的公共空间环境以及各类建筑设施、设备的使用，都必须充分服务具有不同程度生理伤残缺陷者和正常活动能力衰退者（如残疾人、老年人），营造一个充满爱与关怀、切实保障人类安全、方便、舒适的现代生活环境。我们大多数的产品设计都是以正常人的视角来设计的，如果我们换一种思维方式，以无障碍为视角，可以设计的点还是非常多的。

我们可以以正常人一天的生活轨迹为依据，来寻找设计的点。早上起床，我们首先做的事情就是洗脸和刷牙。现在市场上所有的牙刷和漱口杯都是以视觉正常的人为依据进行设计的，正常人可以通过眼睛来快速使用自己的牙刷和漱口杯。可是如果是视觉有障碍的人，他们如何来进行牙刷的选择和辨别呢？如果我们以无障碍为视角来寻找，设计的点就出来了。我们可以设计一只让视觉有障碍的人可以快速地辨别和确认的牙刷，让他通过其他的感觉方式来确认哪一只牙刷是自己的，快速地找到自己的牙刷并放心使用。再比如毛巾，正常的人用视觉来辨别洗脸和洗脚的毛巾，那如果是有视觉障碍的人呢？毛巾的大小是一种方式，可如果有两个或以上一样大小的毛巾该如何辨别呢？那么设计点又出现了，可以设计一种能够让视障者正确区分的洗脸和洗脚的毛巾。

我们可以用这种代入法和情景体验来发现问题，这是一种比较高效和好用的方式，同学们上手比较容易。学生做作业，困难的不是实施，而是发现有价值的问题。还可以从其他的残障角度进行带入和体验，那么可以找到的选题就更多了。

案例：

如图2-14所示为一款盲文智慧型手表，它的功能面是连串的突起形式，能够与手机配对，手机收到文本讯息后，会翻译成盲文发送给手表，手表则通过震动提醒用户，这些突起共有4个横排，每个横排有6个点，它们能够上下浮动，展现盲文变化。盲文速度可以调节，最快每秒100字，最慢每秒1个字。

图2-14 Braille Smart Watch（韩国新创团队Dot）

三、以特殊结构为导向，寻找设计点

日常生活中，有很多充满智慧的结构，比如榫卯结构、链条结构、折叠结构、磁悬浮、不倒翁等，这些结构充满了智慧。我们可以把这些结构，嫁接到各种产品中来进行创新设计。

首先，可以罗列一张产品清单（表2-1），把我们看到的、用到的、想到的产品全部罗列出来，然后找一种结构，去做"结构＋产品"的实验，以文字或者图形，或者图文并茂的方式，进行记录，这种找设计点的方法也很容易上手。

案例1：

表2-1　折叠结构头脑风暴

折叠＋杯子＝折叠水杯	折叠＋牙刷＝折叠牙刷	折叠＋车＝折叠车	折叠＋碗＝折叠碗
折叠＋床＝折叠床	折叠＋浴缸＝折叠浴缸	折叠＋手机＝折叠手机	……

案例2：

如图2-15所示，便当盒的设计灵感来源是折纸，将硅胶材料的柔软性和延展性与折纸相结合，满足盛装食物和便于收纳的功能需求。

四、以生命为导向，寻找设计点

自然界中有多少物种，没有人能说清楚。每一个物种都有自己的独特形态和特殊技能，它们利用这些本领来适应环境，捕食猎物，防御敌人，或者导航迁徙，让它们在保持自我的同时，又能融入自然。例如，变色龙能够随环境变化改变身体颜色，以此来隐藏自己，捕捉猎物，或者与同伴交流。壁虎有一种惊人的自卫能力，就是断尾。当壁虎受到外力牵引或者遇到敌害时，尾部肌肉就强烈地收

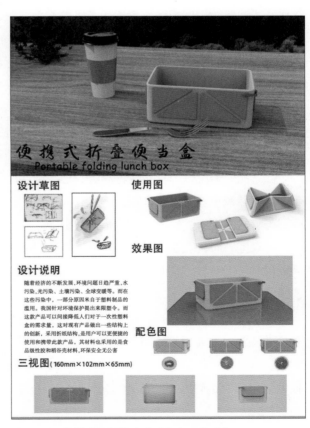

图2-15　便携式折叠便当盒（作者：董唯）

缩，能使尾部断落。刚断落的尾巴由于神经和肌肉暂时未死，还会在地上颤动一段时间来转移"敌人"的视线。这样，壁虎就可以借机逃跑。蝙蝠以其能够在黑暗中飞行而被称为"黑暗行者"。他们利用超声波回声定位信号搜寻食物，探测距离，确定目标，回避障碍和逃避敌害等。鸽子头部拥有"空间地图"，允许它飞行进入不熟悉的区域，知晓它们前往的精确位置，使其能够在远距离飞行后，还能找到回家的路。刺猬满身的刺，可以用来保护自己，还可以搬运食物。捕蝇草，能够将两片叶子闭合起来，捕捉蚊蝇食用。猪笼草叶顶的瓶状体是捕食昆虫的工具，罗盘树可以确定方向，绞杀藤能把别的植物绞杀死。

自然界就这样包容着大家，大家在无声无息的秩序中，井然有序，繁衍生息，生机勃勃，连绵不绝。而产品设计也应该如此，精心的设计每一个细节，使其恰到好处，自然而然，在保证自己独特的美感同时，与人和谐、与环境和谐。

人们都说，大自然是最厉害的设计师，的确如此。这么多神奇的物种，这么多多样化的生命，到底是怎么设计创造出来的？除了感叹大自然的鬼斧神工，唯有敬仰。

生命跟设计有什么关系呢？首先，孕育生命，是一个从无到有的过程，做设计也是一个从无到有的过程，他们都需要无中生有的产出。其次，每个生命都有属于自己的特殊能力和专属形态，同时又能呈现出自己独特的美感。设计作品也是如此，功能、形态、色彩、材质、工艺各不相同，各有各的美，各美其美，美美与共。所以，生命和设计有很多共通的地方，我们可以以自然为师，与万物为友，来引导和启发设计。

谁也说不清楚，是什么力量让大自然这么神奇，产出了这样多又各具特色的生命，但它却为设计提供了许多绝妙的参考案例。所以，我们做设计时，可以走进大自然，去观察每一株小草、每一朵小花，去研究每一个小动物。如果我们能以设计的视角，多关注一些自然界里的东西，或许就能在功能或者形态上，得到一些意想不到的惊喜。除此以外，如果我们懂得欣赏自然，明白它的美妙之处，那我们自然也会更懂得敬畏它，而珍惜它。

当下我们的设计现状和设计趋势，已经非常明确地指向节能和环保。气候变暖，冰川融化，物种减少和灭绝，大自然已经向人类敲响了警钟。作为设计专业的学生，我们更应该有正确的人生观和价值观，珍惜自然资源，从我做起。我们可以从设计的角度，以节能环保为导向，帮助自然环境能够有序地繁衍下去，担负起一个未来的设计师该有的责任。珍惜我们身边的自然资源，多设计节能环保的产品，为我们的下一代及大自然持续发展贡献付出自己的一份心力。

设计产品时，我们应多考虑怎么让作品与自然更为融合，如何让生产方式更环保，或是使用过后不造成环境污染。相信只要多一点这方面的考虑，都有助于自然生态的发展。而这些都是设计专业的学生可以做到的，同时也是很多比赛会关注的重点。所以，希望我们大家都能一起努力，用设计使这个世界变得更美好。

案例：

如图2-16所示，这款创可贴不仅模仿了树叶的形状，还模仿了树叶变色的现象。由春

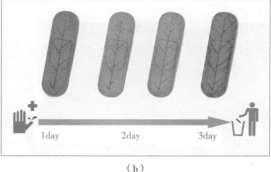

图2-16　Leaf-band-aid创可贴（作者：Lin Sian）

天朝气蓬勃的翠绿，到秋日的枯黄，在三天的时间内经历四种颜色的变化，一旦变为枯黄色，也就意味着需要更换新的创可贴了。这样的提醒方式，真的是相当贴心，智慧巧妙。

五、以兴趣爱好为导向，寻找设计点

兴趣是最好的老师。

你坚持最久的一件事情是什么？你最爱的运动是什么？你最爱的动物是什么？你最爱的植物是什么？你最爱的一首歌是什么？……

向自己提出这些问题，创意就有可能迸发出来。

案例：

如图2-17所示，这是一款将跳绳和哑铃相结合的跳绳。设计者常常跳绳，以一个用户的角度，找到了设计需求点，然后从设计者的角度设计了这款产品，可以满足不同的运动需求。该作品荣获2016年湖北省大学生信息技术创新大赛，三等奖。

六、以设计扶贫为导向，寻找设计点

"设计扶贫"一词最早在2018年第二届世界工业设计大会中提出。大会发布《设计扶贫宣言》，提倡设计工作者发挥自身优势、运用

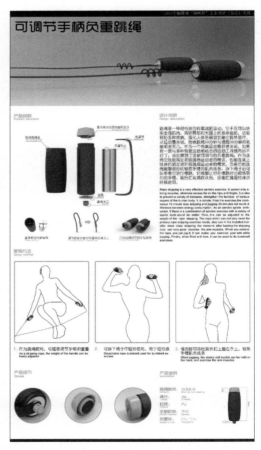

图2-17　可调节手柄负重跳绳（作者：汪丛宇）

设计力量开展扶贫活动，以设计为纽带促进环境、经济、社会三大领域形成良性循环。学者吴茂春提出"设计的善意"这一概念，呼吁设计师运用设计思维，从困难群体的迫切需求入手，提供设计产品及设计服务，使困难群体感受到来自设计师的善意，享受设计为生活带来的改变。

这个世界上，还有很多地方缺水，有很多人因为喝不到干净的水而死亡。有些偏远地区的人，每天为了喝水要步行很远很远的距离。如图2-18所示为来自美国加州大学伯克利分校的团队设计出的这台可以向天空借水喝的神器WaterSeer。研发团队发现，在干旱地区空气中的水蒸气含量很高，于是突发奇想设计了这款神器。首先将WaterSeer插入六英尺深的地下，然后设备就会开始运转，借助风能可以24小时不间断地运转。土壤会冷却，金属使整个铁管设备都是冷的，而空气中有温度的水蒸气遇到冷的金属，凝结成小水滴，储存在设备的底部，最后将水抽出来，就可以喝到干净无污染的水了。

图2-18　WaterSeer（作者：美国加州大学伯克利分校设计团队）

七、以新材料、新技术为导向，寻找设计点

新材料、新技术的运用是创新的方法和途径之一。

1925年，匈牙利设计师马歇尔·布劳耶（Marcel Breuer）设计了第一把用金属管制作的钢管椅子——瓦西里椅，首创了世界钢管椅子的设计记录，被称作20世纪钢管椅子的象征，开创了现代家具的先河（图2-19）。瓦西里椅的灵感来自一种叫阿德勒的自行车，为了纪念抽象艺术大师瓦西里·康定斯基，也就是马歇尔的老师，他将这把椅子命名为"瓦西里"椅。瓦西里椅采用钢管和皮革相结合，突破性地将传统的平板座椅换成了悬空的、有支撑能力的垫子，使坐在椅子上的人感觉更舒适，椅子的重量也减轻了许多。是真正把优

图2-19　瓦西里椅（作者：马歇尔·布劳耶）

雅与功能性结合得最完美的一款椅子。直至今日，它的简约外观与轻巧的实用性特征仍令人惊叹。这款椅子是利用比较廉价和适用的材料，解决标准化问题的典范之一。

　　我们要学会使用这些方法，通过一定的用户调研、市场调研、技术调研等前期研究工作，确定选题的方向，知道在什么市场、什么领域内设计产品，我们需要解决什么问题。发现问题比解决问题难，发现有价值的问题更是难上加难。这就需要我们平时多看、多记、多思考。灵感累积于体验，需要设计师们厚积薄发。

第四节
选题评价

　　怎么判断并选择设计主题呢？

　　选择课题时，仅仅听取老师的建议是不够的，需要老师和学生一起多方位地展开探讨，多角度地慎重考虑。讲创意思维和创意方法的书籍非常多，同学们只需多阅读书籍，多思考，就可以产生一些想法的。一般情况下，我们要求学生以文字或图文并茂的方式提出十个以上的想法，然后老师和学生一起来商量讨论、抉择。

　　以下这些评价选题的方法可供参考和借鉴。

一、人无我有

　　如果同学们能有这样的点子，毫无疑问，肯定选它！如果你能解决某个痛点问题，而且之前没有人解决过，那么你就成了第一个解决这个问题的人，因此你会拥有绝对的话语权，这也意味着你做的事情非常有意义有价值。如果制作方面毫无压力，这个作品就已经成功了一半。

二、人有我优

已经存在的产品，并不意味着其完美无缺。只要我们仔细观察日常生活，就能发现其中蕴含着非凡的艺术表达。水杯算得上是常见的日用品，只要从不同角度出发，仍然可以发现新的创意。例如，有针对盲人的水杯、针对卧床病人的水杯以及恒温水杯等。

有时候，设计的过程需要从每天经历的事情中找到一种独特的观察方式。这样做可以让主题变得不一般。我们经常会对自己的选题产生怀疑和否定，认为它很平凡而放弃了它。对于普通的产品，只要仔细研究并找到突破点，然后把这个特点好好地呈现，就能够产生亮点。

在写设计主题时，可以列出多个关键词，从中挖掘新的需求点，并利用这些关键词与大家产生共鸣，这种共鸣至关重要。这个主题或许是源于日常生活中的小事，只有将其转化为设计之后，其他人才会发现，其实大家每天都能看到这件事情，只是没有像你一样将它转化为设计。

你的主题若平凡，你就需要有独特的观察角度和突破口。只有当主题本身和观察角度、突破口都十分优秀时，作品才会非常优秀。

同样，通过采用新材料、新技术、新结构和新工艺，可以让现有的产品更优，能够满足现代生活的需求。

三、人优我变

虽然历代设计师都创造了流芳百世的经典作品，但纵观人类历史，没有任何一个设计作品是永恒不变的。我们将其称为"永恒"是因为我们是在深入理解当时的政治、经济、文化和科技背景的基础上来进行解读的。变是绝对的，不变则是相对的。每个设计作品都带有当时所采用的设计理念、方法和实现过程的独特标记。"变"并非仅仅改变外表，而是实现更先进、更优良的更新。

本章小结

■ 探讨创意的本质与创新的关系，提出了一些激发创意和创新实践的方法和建议，旨在帮助学生在创意和创新方面取得更好的成果。

■ 详细地讲解了创作方向，为设计指引方向。创作方向还应该要放眼未来，考虑技术发展和市场趋势，以确保产品的竞争力。这需要对行业和市场的发展趋势进行深入的研究和分析，以及对相关技术进行前瞻性的规划和掌握。

■ 从各种角度阐述了选题的方法和途径。选题方法和途径需要考虑多种因素和角度，只有在多方位综合考虑的基础上，才能找到合适的研究或创作主题。

■ 讲解了选题评价标准，选题评价是非常重要的一个环节，它可以帮助我们更好地把握创作方向，提高创作质量。

1.简述创意是什么。

2.讨论做什么样的产品才是有意义和有价值的。

3.简述寻找选题的途径。

4.思考怎么评价选题。

第三章

产品设计调研

课题名称： 产品设计调研

课题内容： 1.产品调研

2.用户调研

课题时间： 8课时

教学目的： 使学生了解产品调研和用户调研的目的和意义，
掌握调研的方法，并且能够运用这些调研方法得
到有效设计数据。

教学方式： 理论讲解，课堂讨论，PPT展示

教学要求： 1.了解产品调研和用户调研的目的和意义。

2.了解产品调研的方法。

3.了解用户调研的方法。

调研是对某一问题进行系统的收集、整理和分析相关信息的过程。

产品设计的目的是服务于人，如果不了解用户需求，怎么做出用户需要的产品？如果不了解产品，怎么设计产品？全方位了解产品，多角度了解用户需求，这就是产品设计调研的目的和意义。创新不会凭空出现，而是基于交流和理解。

第一节
产品调研

首先，要弄清楚产品自身，产品就是你的研究对象，你要对它了如指掌。对研究课题做全面的、系统的、整体的了解，在此基础之上进行创新设计，我们的方案才可能有"新意"。同学们常常在做完了一项作业之后，才发现自己设计的产品别人早就做出来了，这是因为设计方案之前，调研没有做到位，对你要设计的产品的现状没有了解透彻，所以导致做无用功。因此，我们想要设计什么产品，就要先了解它。对于产品，要了解什么呢？

一、产品功能

市场调研首先就要清楚产品的功能，功能是产品存在的根本，是产品的生命。只有了解现有产品的功能，才能更好地指导设计迭代和更新。

在设计的时候，对产品的功能需要慎重考量。单一功能产品和多功能产品，不能简单地以好、坏来评价，只能说各有千秋。设计产品的功能定位时，功能不是越多越好，也不是越少越好，是合适合理就好。在设计实操时，需要对产品功能进行分析，根据实际情况，制订合理的功能方案，并对不同的功能方案进行评估和选择。在保证功能方案满足用户需求和生产需要的基础上，尽可能地降低成本，提高产品质量。此外，还要根据产品的实际情况选择合适的材料和结构形式，进行合理设计。这样才能保证产品功能满足市场需求，同时也能获得更多的利润。

二、外观形态

调研时，要梳理现有产品的外观形态数据，分析什么样的外观形态受欢迎、节约环保等。

在设计产品时，对产品的外观要做研究。如果一个产品的外观不符合人们的使用习惯，那么这个产品是没有办法让人们认可的。所以在设计产品时，一定要考虑到外观问题。现在有很多人都非常注重产品的外观，因为只有当外观设计得非常好时，才能获得人们的认可。但是，如果在设计过程中，一味地追求美观而忽视了产品的实用性，那么这样的设计是不会有任何价值和意义的。

在对产品做研究时，可以根据不同类型的产品进行详细分析和具体研究。这样才能为大家提供更多的参考意见，让大家做出更好的设计。

三、材料工艺

产品设计师要清楚现有产品所使用的材料工艺，还要探索能不能使用新的材料工艺。通过数据整理，找到合适的材料和生产工艺，并应用到设计中。

对于材料工艺的选择，首先需要根据产品的用途和所处环境进行选择。例如，在夏季，金属材料的产品比较容易老化；在冬季，则需要考虑低温对产品的影响，另外还要考虑产品的成本和易操作性。在进行设计时，一定要注意产品所处的环境。不同的环境对于产品有不同的要求。在选择材料的时候要根据实际情况进行考虑，只有这样，才能更好地对产品进行设计。

四、内部结构

在设计过程中，也应该对产品的内部结构进行充分的了解，这样才能避免产品出现问题。在设计产品时，必须对产品的内部结构有一个全面的了解，才能充分地利用这些材料。在设计时要尽量减少不必要的材料消耗，这样才能降低成本。这些都需要在市场调研的时候采集到有效数据。

五、色彩

产品的配色是非常重要的，它很大程度上影响了产品整体的美观度。配色能提升产品的档次，在视觉上给人一种震撼。好的产品配色不仅能提高整体美观度，还能更好地展示出产品的价值和亮点，满足消费者的审美和需求，让产品更具价值感。产品的配色设计，能够在很大程度上赋予产品生命力。市场调研时，可以做一个现有产品的设计配色表，并进行分析，从而得到有效设计数据。

六、人机尺寸

差之毫厘，谬之千里。产品设计具有科学性和严谨性，产品的人机尺寸是设计中的要素之一，它关系到产品的生产和使用。了解目标用户的身高、体重、手型、握力等尺寸信息，可以帮助我们确定产品的尺寸和形状，并提供更好的人机交互体验。例如，手持式设备的大小和重量应适合用户的手形和握力，以减轻握持设备时的不适和疲劳；键盘和椅子的高度和宽度也应根据用户的身高、体型和工作环境的要求进行调整。因此，通过市场调研了解产品的人机尺寸是必要且重要的。

七、使用场景

市场调研可以帮助我们全面了解目标用户的需求和使用场景，并以此拉近产品与用户之间的距离。使用场景是非常重要的因素之一，因为产品的实际使用环境和场景与用户的习惯和体验密切相关。了解目标用户的使用场景，了解他们使用产品的方式、需求和期望，可以更好地为产品设计提供方向。例如，如果目标用户是旅行爱好者，那么设计就应该考虑产品的便携性和耐用性；如果目标用户是办公室白领，那么办公桌上的配件和设备就应该与办公环境相适应，从而更好地提高用户的工作效率。因此，通过市场调研了解产品的使用场景对于产品设计至关重要。

八、经济成本

经济成本是指生产一种商品所需要的真实成本，包括生产成本、交通费用、营销费用、税收等。通过市场调研可以了解产品的真实成本，包括制造成本、物流成本、营销成本等。了解产品的经济成本非常重要，因为它直接决定了产品的售价和销售量。如果产品的经济成本过高，售价就会偏高，消费者就会选择购买竞争对手的产品，销售量就会受到影响。所以，我们需要通过市场调研了解产品的经济成本，找到降低成本的方法，如优化供应链、降低制造成本、精准营销等，从而提高产品的竞争力。总之，了解产品的经济成本是非常必要和重要的，它能够帮助我们更好地制订产品售价和营销策略，提高产品的销售量和市场竞争力。

九、竞品状态

通过市场调研，了解同类型产品的现状，打造差异化。同类产品功能大同小异，我们可以着重打造某一特点。以梳子为例，可以着重打造耐用、养生等方面的功能，这样会比千篇一律的产品特点更加吸引消费者注意。

　　产品调研的根本目的在于，通过对市场中同类产品的相应信息的搜集和研究，从而为即将开始的设计研发活动确定一个基准，并用这个基准作为指导产品研发的重要依据。

　　大家都熟悉一个经典的话：消费者不会告诉你它需要一辆车，而是告诉你他需要更快的马。乔布斯在采访中曾说过："我是相信倾听消费者的，但是消费者并不清楚现在科技的发展水平，他们并不知道科技可以干什么，他们也不能预测下一个改变整个行业的突破口在哪里。你需要花很长时间搞清楚消费者究竟想要的是什么，而且你还要花很长时间搞清楚现在的科技处于一个什么样的水平。"做产品，需要顺应人的潜意识，洞察人们需求的变化和科技的发展。若用心发现，总能够找到未被满足的需求和需要提升的设计。要找到设计的着力点，就需要前期的研究和信息收集。本案例为城市社区垃圾分类产品分析（表3-1～表3-5）。

　　案例：

表3-1　城市社区垃圾分类产品分析——按投掷方式划分（卜令钰）

投掷方式	图片示例1	图片示例2	使用方式	缺点
（a）踩踏开盖式			脚向前踩踏到底，一手投掷垃圾	需踩踏开盖，增加一个的冗余步骤
（b）手动揭盖式			一手掀开盖子，另一手投掷垃圾	需双手并用，一手需触碰桶盖，不卫生
（c）手动推盖式			手推动侧挡板，使用双手/用垃圾袋推动盖子单手投放	投放时垃圾会挤压挡板，桶盖易脏、损毁，桶内易满溢
（d）敞口无盖式			单手直接投放	垃圾暴露在空气中、生异味、引飞虫

表3-2　城市社区垃圾分类产品分析——按移动方式划分（卜令钰）

移动方式	图片示例1	图片示例2	使用情况	优点	缺点
（a）可移动式			成本低，使用广泛，寿命短	方便运输，可套叠用以节省空间	不容易找到投放点，外观简陋
（b）固定统一式			成本相对较高，但寿命长	耐损耗，造型具备整体性、美观性	不方便收运处理

表3-3　城市社区垃圾分类产品分析——按使用方式划分（卜令钰）

使用方式	图片示例1	图片示例2	使用情况	优点	缺点
（a）智能垃圾分类点			成本相对较高，维护成本较低	智能化手段	多一个积分卡操作/手机扫码的步骤
（b）智慧环保驿站点			成本极高，维护成本极高	功能多样	占地面积大，多一个积分卡操作/手机扫码的步骤

表3-4　城市社区垃圾分类产品分析——按材质划分（卜令钰）

序号	产品图示	材质划分	优点	缺点
（a）		普通塑料	成本低，表面光洁，质轻，方便运输和转移	易受外力破坏，寿命短，不可回收利用
（b）		PP注塑料	成本低，质轻，方便转移，耐弱酸、弱碱、耐腐蚀，适宜-30~65℃的温度	易受外力破坏，寿命短
（c）		普通木质材料	与周围环境协调	易腐蚀易开裂，抗酸碱能力较差，不防水，不耐高温，不利于环保

续表

序号	产品图示	材质划分	优点	缺点
（d）		钢木结合材料	与周围环境协调	不耐用，易腐烂，浪费木材，不利于环保，自重沉，不易搬运
（e）		普通金属材料	成本低，经久耐用	遇水易生锈，易划伤
（f）		403/189-202不锈钢材料	防锈，耐腐蚀、高温、低温，坚固耐用，易清洁	成本较高，自重沉，不易搬运
（g）		镀锌板材料	比普通钢板的防腐蚀性好，耐腐蚀、高温、低温，易清洁	易产生麻点，影响美观，自重沉，不易搬运
（h）		冷轧钢板材料	表面光滑平整，易氧化生锈，耐高温、低温	焊性差，较硬、脆，不能生产外观复杂的垃圾桶，自重沉，不易搬运

表3-5　城市社区垃圾桶造型、色彩

序号	产品图示	造型	色彩
（a）		长方体	黑色、灰色
（b）		长方体	黑色、灰色、红色、蓝色
（c）		长方体	黑色、黄色、绿色、蓝色

序号	产品图示	造型	色彩
（d）		长方体	黑色、红色、绿色、蓝色
（e）		长方体	黑色、红色、绿色、蓝色

　　社区垃圾桶的造型基本都是长方体，主要是因为长方体容量大，便于移动和运输。色彩上主要有黑、灰、红、黄、蓝、绿。

　　怎么评价产品的调研是否做到位了呢？

　　我们可以用"优秀的销售员"的标准来进行检测和评价。

　　不管做什么课题，我们要先让自己成为一名"优秀的销售员"。这是什么意思呢？大家购物的时候，销售员会详细地给我们讲解有关于产品的各个方面，优秀的销售员对自己的产品了如指掌，功能、材料、技术、工艺、配色、竞争品牌等，通过讲解，让你判断，这个产品是否适合你、是不是你想要的。作为一名设计师也是同样的，首先要让自己成为一名优秀的销售员。就是要对你将要研究课题产品的现状，了如指掌。例如，现有市面上的产品有哪些品牌，用了什么技术，主要功能是什么，使用了什么材料，加工工艺，成本价格，有什么优缺点，等等。如果你对设计对象的调研，达到了"优秀销售员"的程度，那就说明你的调研到位了，你就可以进行下一步操作。

第二节
用户调研

　　调研需要解决的第二个问题就是产品的使用者。了解产品的使用者，就是要了解用户，真正做用户需要的产品。同学们在做设计的时候，通常喜欢把很多功能叠加到一个产品里面，想用一个方案就解决所有的问题，结果就是功能太多，反而不知道主要的功能是什么了，导致方案没有亮点、特色。对产品的使用者做横向纵向的深度研究，找到用户真正的需求，找到产品的主要功能，找到你要解决的主要问题，我们的方案才能真正做到有的放矢，直指人心，打动人、感动人。

　　用户研究是产品开发的核心工作之一，不仅可以帮助我们快速找到产品的核心需求和设计思路，而且可以帮助我们发现产品的弱点和不足，从而进行改良提升。

一、用户研究的目的

1. 获得更好的用户反馈

　　当用户在使用产品时，他们的想法、感受、经验都是值得收集和分析的，通过对用户使用产品的过程进行观察和记录，我们可以获取到用户在使用产品时的经验和感受，这样可以更好地了解用户，进而不断优化产品设计。

2. 找到用户的核心需求

　　如果要做产品的用户研究，首先要了解用户的需求。这需要我们在平时的工作中注意观察用户的行为，从他们的行为中找出他们真正想要的东西，或者说他们真正想要解决的问题。当你开始做用户研究时，会发现自己进入了一个误区，那就是很多人认为，只要把产品做好了，用户就会喜欢上你的产品。但事实是，只有真正了解了用户真实的需求和痛点，才能设计出好的产品。在这一过程中，你需要去观察、询问、聆听用户的反馈和意见。通过对这些信息的收集和整理，你可以找出用户真正想要解决的问题和需求。然后，你就可以根据这些信息进行分析和判断，从而找到产品的核心需求。

3. 设计用户界面

　　在用户界面设计过程中，我们要先了解用户的需求，然后根据需求分析出用户可能会用到的界面元素，再根据界面元素设计出用户喜欢的界面。设计出来的界面要尽可能简洁、直观、易懂、易操作。此外，还要考虑到人机交互效果、界面的美观性、可用性、易用性等方面。

4. 发现问题与弱点

　　用户研究可以帮助我们发现产品的问题与弱点。比如，在设计产品时，不知道如何满足用户的需求，也不知道如何通过设计和交互让用户完成任务；产品上线后，用户发现产品存在很多问题，却无法解决，或者需要花费大量时间去解决。当我们发现问题时，也要想想是不是我们的设计出了问题，还是说这个问题在不同的用户中出现的概率不同。如果是前者，说明我们的设计还不够好，如果是后者，说明我们的设计出了问题。

5.发现新的产品机会

我们不能仅仅满足于现有的产品，更要从市场出发，关注用户的需求和痛点。以手机 APP 为例，用户经常遇到的问题是，用了这个 APP 之后，再也没有打开过其他 APP。因此，在开发产品的时候，需要考虑到用户对其他 APP 的使用情况。另外，我们要关注竞争对手的产品功能，了解他们是如何与我们竞争的。最后，我们要关注用户群体的变化和使用习惯的变化。如果我们能准确地把握用户的需求和痛点，就能发现新的产品机会。

用户研究的类型主要有定量研究和定性研究（表3-6）。

表3-6 定量研究和定性研究对比表

名称	定量研究	定性研究
定义	是指确定事物某方面量的规定性的科学研究，就是将问题与现象用数量来表示，进而去分析、考验、解释，从而获得有意义的研究方法和过程	是指通过发掘问题、理解事件现象、分析人类的行为与观点以及回答提问来获取敏锐的洞察力
主要研究方法	调查法、相关法和实验法	小组座谈会、一对一深度访谈
优点	1.研究的重点在于"验证假设"，一般有较为严密的逻辑架构； 2.标准化和精确化程度较高； 3.结果可以用具体指标表达，用概率统计的方法进行检验； 4.具有较好的客观性和科学性，有较强的说服力	1.提供深度和细节：通过想法、感知和行为探究原因； 2.促进讨论：当受访者开始表明他们这么想和实施的原因与目的时，那么讨论就可能会衍生出更多新的观点和话题； 3.更加灵活：问题能够快速根据回收的信息质量和特点调整
局限	1.研究需要调查大样本人群，需要花费较多的人力、财力、时间； 2.调查采用标准化的工具，一般不允许在实际调查中添加或更改调查内容，使调查很难获得对事物深层次的了解，也较少能收集到意料之外的新信息； 3.由于社会因素的多样性，以及对健康及疾病影响的复杂性，使一些社会因素与健康及疾病的关系很难用定量结果加以解释； 4.一些与健康相关的社会因素及医学问题难以用数据指标表达	1.样本量少：深入研究会花费大量时间，占用太多资源，导致受访者甚少； 2.难以归纳：样本过少所以难以归纳结论； 3.依赖经验丰富的调查员：数据质量取决于主持深访或调查员的访问技巧； 4.缺乏私密性：对于有些话题，受访者不一定愿意沟通交流，可能更愿意通过匿名的方式回答

表3-6清楚地展示了定量研究和定性研究的优缺点、研究方法，应该具体问题具体分析，目的是获得有效数据，为创意设计服务。

二、常用调研方法

1. 市场考察

市场考察是指到市场上去看，去拍照，收集产品的各种信息，比如品牌、价格、造型、尺寸、材质、销售情况等。这是我们常用的一种方法，操作简单，没有难度系数，每个同学都可以去体验。比如，你要做家具设计，你就可以到家具卖场去考察；你要做家电，你就去家电卖场考察。这样一波操作下来，你会发现亲身体验之后的感受，和之前想当然的感受，差别巨大。有的同学不愿意跑市场，而是在网上去查找资料，不建议同学们这样做，亲身体验的调研和只是用眼睛看一下的调研，结果是不一样的。如果想方案设计得好，一定要亲自调研。

案例：

如图3-1所示为超市购物车的市场考察中拍摄的部分图片，通过市场考察，了解购物车的造型、材料、尺寸、结构、色彩、收纳方式等，为后续设计整理出各方面的有效数据。

图3-1　超市购物车考察

2. 问卷

问卷也是我们做设计调研时用来收集资料的一种非常好的方法。问卷的历史可追溯到经验社会调查广泛开展的19世纪。例如，马克思曾精心制作过一份工人调查表，它分为四个方面，包括近百个问题，以全面了解工人的劳动、生活和思想状况。20世纪以来，结构式问卷越来越多地被用于定量研究，与抽样调查相结合，已成为社会学研究的主要方式之一。问卷法是在产品设计中用的最多方法之一，它是通过问题发放与用户填答的方式，搜集大范围内的目标用户的心理、行为、态度等数据，再通过数据统计分析把数据转化为设计决策点的一种方法。

我们做设计时，可以使用纸质问卷或者电子问卷。现在基本都是电子问卷，这种方式操作简单，展开面广，数据量大，无论"社牛"还是"社恐"都适用这种方法，强烈推荐这种调研方式。纸质问卷比较浪费，费时、费力、费人，应该酌情考虑。

工具是有了，但是效果如何，问卷的内容就非常重要了。所以你需要精心设计你的问卷内容，每一个问题都要有价值、要有目的，而不能为了问卷而问卷（表3-7）。

案例：

表3-7　城市社区垃圾分类智能产品问卷调查（部分）（卜令钰）

第二部分：城市社区垃圾分类情况相关

6.您是否能进行正确地垃圾分类？

○ 完全能够

○ 通常能够

○ 一般能够

○ 大多不能

○ 完全不能

7.您是否会主动对生活垃圾进行分类？

○ 完全会

○ 通常会

○ 一般会

○ 大多不会

○ 完全不会

8.您是否了解所在社区的垃圾分类标准？

○ 完全了解

○ 通常了解

○ 一般了解

○ 大多不了解

○ 完全不了解

9.您对城市社区垃圾分类的态度是：

○ 全力支持

○ 通常支持

○ 与己无关

○ 不太支持

○ 完全反对

10.您所在家庭生活垃圾的主要种类（可多选）：

○ 厨余垃圾

○ 有害垃圾

○ 其他垃圾

○ 可回收垃圾

11.您家在社区垃圾桶中丢弃生活垃圾的频率：

○ 一天三次

○ 一天两次

○ 一天一次

○ 两天一次

○ 三天或以上一次

12.您家在社区垃圾桶中丢弃垃圾的通常时间段（可多选）：

○ 早上

○ 中午

○ 下午

○ 晚上

13.您所在社区垃圾的正确分类主要依靠：

○ 居民主动分类

○ 专人二次分类

○ 完全不分类

14.您认为导致社区垃圾没有正确分类的原因（可多选）：

○ 不知如何正确分类

○ 从众，其他人都没有分类

○ 没有物质奖励驱动

○ 缺乏精神奖励驱动

○ 缺乏政府强制力

3. 访谈

　　用户访谈是设计师通过与用户面对面、电话等方式进行的沟通。用提问交流的方式了解被访谈者使用产品的过程、使用感受、品牌印象、个体经历等，同时能够获取用户的潜在需求。因研究问题的性质、目的或对象的不同，访谈法具有不同的形式。访谈法一般在调查对象较少的情况下使用，一般时长3天/2人力（测试用户5~8人），可以与问卷法、可用性测试法结合使用。

　　通常访谈者会根据研究目的（获取用户对现有产品的评价，获取产品使用情景的相关信息，了解用户潜在需求及其他更深层次的信息），事先准备一些问题或者交流的方向。根据不同的目的，访谈又可以分为结构式、半结构式和完全开放式访谈（表3-8）。

表3-8　访谈类型及特点

结构式访谈	半结构式访谈	完全开放式访谈
1. 对问题已经形成初步的想法，只需要确认 2. 对象不可能有更深入的看法	1. 有研究的框架 2. 需要了解深层次的想法	1. 了解基本情况，找出问题 2. 事前难以确定分析的框架

（1）结构式访谈：访谈员抛出事先准备好的问题让被访者回答。为了达到最好的效果，访谈员必须有一个很清晰的目标，提出的问题也需要经过仔细推敲和打磨。

（2）半结构式访谈：半结构式访谈融合了结构式访谈和完全开放式访谈的两种形式，包括固定式和开放式的问题。为了保持研究的一致性，访谈员需要有一个基本的提纲作为指导，以便让每一场访谈都可以契合主题。

（3）完全开放式访谈：访谈员和被访者就某个主题展开深入讨论。由于形式与回答的内容都是不固定的，所以被访者可以根据自己的想法进行全面回答或者简短回答。但需要注意的是，访谈人员心中要有一个访谈计划和目标，尽量让谈话围绕着主题进行。

访谈，就是需要像记者一样，面对面地去向使用产品的用户进行交流。做设计调研的时候，我们通常采用一对一面谈、入户访谈、电话访谈、座谈会、电视电话会议等形式。这些方式获得的数据是非常直接和有价值的，很多优秀的设计都是用这些方式来搜集信息。作为学生，也可以向周围的同学、朋友、亲戚进行访谈。同学们设计产品的时候，可以多向长辈请教，这样可以让大家受益良多。

案例（表3-9）：

表3-9　小区康养设施访谈总结

采访对象	问题	
	您平时会使用小区的什么康养设施？	您对小区康养设施有什么看法？
王阿姨	晚上散散步，使用健身器材	我认为康养设施种类少，数量少，还有很大的改进和提升空间
刘叔叔	有时候晚上散散步	我认为小区在这一块的配套是非常匮乏的，空间也不够
李奶奶	使用健身器材，打麻将	可以增设老年棋牌空间，交流空间
张阿姨	晚上散步，用一下健身器材	可以设置一些健身步道
周爷爷	散步，打麻将，下棋	可以给我们老年人设置一些交流、学习的空间

4. 观察

观察法是指研究者根据一定的研究目的、研究提纲或观察表，用自己的感官和辅助工具去直接观察被研究对象，从而获得资料的一种方法。科学的观察具有目的性和计划性、系统性和可重复性。常见的观察方法有：核对清单法、级别量表法、记叙性描述。观察一般利用眼睛、耳朵等感觉器官去感知观察对象。由于人的感觉器官具有一定的局限性，观察者往往要借助各种现代化的仪器和手段，如照相机、录音机、显微录像机等来辅助观察。设计产品的时候，在不方便与用户交流或者不希望打扰受访者的情况下，我们通常会进行实地观察，实际操作，视频记录。比如，你想做交通信号灯的改良设计，可以到马路上去观察，看人、车看到灯后的反应，记录，思考，然后寻找设计灵感。

案例：

通过观察法，我们发现，该路口闯红灯的概率是比较高的，这说明闯红灯是一种普遍现象（表3-10）。上下班高峰期，车辆闯红灯比例高，行人比例小。非高峰期，车辆闯红灯比例低，而行人闯红灯比例反而高。这说明车辆是否闯红灯，主要依据事情是否紧急。行人过马路，往往是根据汽车通过数量的多少，而不是根据红绿灯来判定。

表3-10　某路口车辆和行人闯红灯观察记录

时间	是否闯红灯	
	车辆（%）	行人（%）
0：00—1：00	1	10
7：30—8：30	20	10
9：30—10：30	15	9
11：30—12：30	10	8
13：30—14：30	7	7
17：00—18：00	13	4
19：00—20：00	9	8
22：30—23：30	3	2

5. 角色扮演

如果你想解决痛点，首先要把自己想象成使用者，或者将自己改变成使用者，角色扮演。扮演什么呢？扮演使用者。在你设计一个产品之前，先让自己成为这个产品的使用者。设计者需要站在用户的角度，用心体验产品试用前、使用中、使用后的各种身体和心理的

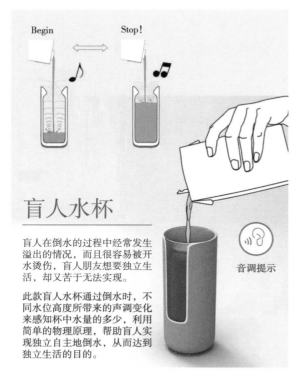

盲人水杯

盲人在倒水的过程中经常发生溢出的情况，而且很容易被开水烫伤，盲人朋友想要独立生活，却又苦于无法实现。

此款盲人水杯通过倒水时，不同水位高度所带来的声调变化来感知杯中水量的多少，利用简单的物理原理，帮助盲人实现独立自主地倒水，从而达到独立生活的目的。

图3-2 盲人专用水杯（作者：frankem）

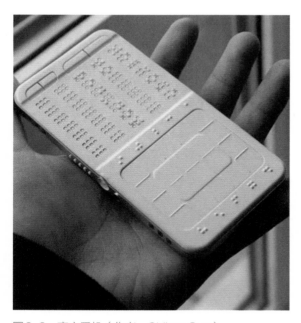

图3-3 盲文手机（作者：Shikun Sun）

感受，并把这些感受详细的记录，设计的机会就藏在这些感受里。所以，设计师需要有敏锐的洞察力，细腻的情感，持之以恒的记录习惯。

案例：

如果是给盲人做设计，我们就可以蒙住眼睛来扮演盲人。比如，盲人如何洗漱，如何知道时间，如何出行，如何吃饭，如何使用各种电子产品，等等。通过角色扮演，仔细体会，深入感受，我们就可以设计出各种适合盲人使用的产品。

如图3-2所示为一款专门给盲人设计的水杯，通过感温和声音，告诉用户水量，这样就可以解决倒水的时候，水多溢出或者开水烫手的问题。

如图3-3所示为一款体贴且温暖的设计——专门为盲人朋友设计的盲文手机。这款手机的"屏幕"可以显示盲文，用户可以使用盲文来拨打电话、收发信息，达到沟通和交流的目的。

6. 焦点小组

焦点小组是一种用户调研方法，通常由6~10个人组成，这些人通常是一个特定的目标市场的代表。焦点小组的目的是在一个非正式的环境中，通过集体讨论和互动来了解人们对某个产品、服务或主题的看法和态度。焦点小组通常由一个主持人引导，主持人会提出一系列问题和话题，以激发小组成员讨论和表达意见。焦点小组常用于市场调研、品牌调研和产品开发等领域，可以帮助企业了解消费者的需求和偏好，以及产品在市场上的表现。焦点小组的优点是可以在短时间内搜集大量有用的信息，深入了解消费者对产品的看法和反应，从而为企业提供更好的市场营销策略和产品设计方案。

例如，想要开发适合老年人使用的智能手表产品，就需要了解老年人对于智能手表的使用习惯、需求和偏好。为了收集老年人的反馈和意见，可以使用焦点小组来调研。首先，选取一些符合目标受众的老年人，然后将他们分成几个小组。每个小组由6~10个人组成，并由一个主持人引导。在焦点小组中，主持人提出一些关于智能手表的问题和话题，例如：您希望手表有哪些功能？您觉得手表的屏幕大小是否合适？您希望手表的材质是什么？小组成员可以自由讨论，并分享他们的看法和意见。主持人会记录下所有的反馈和意见，并根据这些反馈和意见来改进产品设计和市场营销策略。通过焦点小组调研，可以了解老年人对于智能手表产品的需求和偏好，从而优化产品设计，提供更符合老年人使用习惯的智能手表产品。

调研的目的是得到有效设计数据，因此，调研数据的整理、归纳、评价非常重要，我们要用我们的专业能力，对数据进行辨别来获取有效信息，删除无效信息。方案有没有亮点，亮点是否突出，就看这一步是否到位，所以这个时候一定要多比较、多鉴别。有效的调研数据，才能解决痛点问题，才可以让我们的课题更有意义和价值。这个过程需要具体问题具体分析，评价的标准就是如何能获得有效设计数据。

小知识：

一些现在常用的问卷APP：

1. 问卷网

问卷网是一款非常专业的问卷调查软件，APP提供自选问卷和相关的问卷模板，用户可以直接使用热门的问卷模板发表相关问卷，还可以创建相关表单、表格等，多种问卷形式可供大家选择。

2. 问卷星

问卷星是一个非常实用的在线问卷调查工具，问卷覆盖了调查、考试、投票等多个领域。单个问卷不限制题目数和答卷数。问卷星还提供微信、QQ群发功能，让问卷更加方便好用。

3. 赚点

赚点是一款支持付费问卷的调查APP，用户可以在软件上发表付费问卷，吸引更多用户填写使用。赚点还提供问卷分析、展示功能，让用户对问卷的数据情况更加了解。

4. 微调查

微调查是一款基于移动终端的在线联网调查问卷自助发布APP，软件包含了大量问卷的调查结果和样本库，数据覆盖全球多个国家，让大家足不出户，就可以了解到相关信息，获得更多的经验获得收益。

5. 爱调研

爱调研是一款专注于在线调研和问卷调查的应用软件，为用户提供方便快捷的调研工具和数据分析功能。软件每天提供大量问卷调查任务，用户完成任务即可获得大量积分解锁丰厚奖品。

6. 众人帮

众人帮是一款功能非常强大的问卷调查APP，软件包含了多种问卷形式，用户可以根据自己的需要发布或完成他人发布的问卷，互帮互助，提高自己在问答社区的地位，从而解锁更多信息和奖励。

本章 小结

- 详细地讲解了针对产品的市场调研包括哪些方面，应该得到什么数据。在搜集数据的过程中，可以使用多种方法，包括问卷调查、访谈、焦点小组讨论、实地调研、实验等。这些方法的选择取决于市场调研的目的、对象和数据的重要性。市场调研的结果应该能够帮助我们更好地了解市场和消费者需求，从而更好地制订产品创意和策略。
- 详细讲解了用户调研的目的、意义及用户调研的一些方法。用户调研的方法包括访谈、问卷调查等。用户调研需要针对不同的产品和场景选择合适的调研方法，以确保调研结果的准确性和可靠性。

思考 与 练习

1. 简述产品调研应该得到哪些数据。
2. 简述用户调研的方法并举例说明。

第四章

产品设计定位

课题名称：产品设计定位

课题内容：1. What——什么东西

2. Who——给谁用

3. Why——为什么用

4. When——什么时间用

5. Where——在哪里用

6. How——怎么用

7. How Much——花多少费用

课题时间：8课时

教学目的：使学生了解产品设计定位的目的和意义，能够运用5W2H的方法，对研究的课题进行精准的设计定位。

教学方式：理论讲解，课堂讨论，PPT展示

教学要求：1.了解5W2H的产品设计定位法。

2.能够运用5W2H的理论，进行产品设计定位。

设计定位就是给产品画像，给产品做个限定，得出设计的方向，它是基于调查基础上的产品研发策略。

在产品设计中，我们通常用"5W2H法"来进行产品定位（图4-1）。

5W2H分析法又叫七问分析法，由第二次世界大战中美国陆军兵器修理部首创，简单、方便，易于理解、使用，富有启发意义，广泛用于企业管理和技术活动，对于决策和执行性的活动措施非常有帮助，有助于弥补考虑问题的疏漏。把这个理论运用到产品设计领域，可以帮助我们很好地进行产品定位。如果同学们能够运用此理论，深入理解自己的创意，包括产品的造型、色彩、工艺等内容，就都可以水到渠成了。5W2H定位法有助于我们更深入地理解某一场景下用户的需求。

	What	什么东西
5W	Who	谁用
	Why	为什么用
	Where	在哪里用
	When	什么时候用
2H	How	怎么用
	How much	花多少费用

图4-1　5W2H分析法（图片来源：自绘）

第一节
What——什么东西

我们的产品能提供什么？

用户需要我们的产品去做什么？

我们的产品在用户完成一件事的过程中扮演了一个什么样的角色？

对产品综合性、概括性的描述，让用户知道这个产品对用户的价值，帮助用户解决什么需求，这是"What"要回答的问题。每一个产品都有自己的特殊技能，能给人们解决某个问题，实现产品自身价值，让我们觉得产品"有用或好用"。产品通过自己的名字或者特定的功能，告诉人们，这个东西是什么。比如梳子的梳头发功能能告诉你，它是梳子。比如杯子是喝水的产品。比如凳子是可以用来坐的产品。作为设计者，你也要清晰地知道，你设计的产品，它的特殊技能是什么？能给人们解决什么问题？可以尝试从以下几点进行描述：造型（款式）、结构、性能、外观、成分、色彩、价格等。

小知识：回归原点定位法

举个例子，比如现在有个设计课题，是需要设计一款水杯，最后同学们拿出来的都是杯子，并且始终围绕着杯子进行设计，给它加装饰，给它换材料，但还是杯子。

我们运用回归原点定位法再来看看。杯子的根本用处是什么？人没有杯子是不会渴死的。一个人到荒郊野外，有一汪泉水，拿手捧起来喝也可以。所以，杯子的根本用处是解渴，我们可以重新描述这个课题：能够帮助人们达到解渴目的的装置或者设备，这样我们就有更开阔的思维。

通过把创造的起点回归到创造的原点，从而帮助创造者克服习惯性思维。任何创造发明都必定有其创造的原点。每个事物都有很多创造的起点，但创造的原点是唯一的。从某一事物的众多创造起点出发，按照人们的研究方向的逆方向，可以追溯到创造的原点，再以原点为中心，在各个方向上进行扩散。用新的思想、技术和方法在新找的思维方向上重新进行创造，往往取得较大的成功。这一过程即先还原到原点，再从原点出发解决问题（回到根本抓关键）。

在设计创造活动中，研究已有事物的创造起点，并追根溯源找到他的创造原点，再从创造原点出发去寻找各种解决问题的途径，从本源上去解决问题，用新的思想、新的技术和新的方法重新创造该事物，这就是回归原点创造方法的精髓所在。

一、各种洗衣机

洗衣机的本质：洗——还原衣物的本来面貌。

衣服脏的原因：灰尘、油污、汗渍等对衣服的吸附与渗透。

传统的洗衣方式：手搓、脚踩、板揉、捶打。

突破传统创造新的方法：机械分离法、物理分离法和化学分离法等。

二、各种自行车（专利约 15000 种）

自行车的本质：骑。

方式：行、锻炼、休闲、方便。

突破传统创造新的方法：折叠自行车、双人自行车、山地自行车、儿童自行车等。

回归原点创造方法旨在鼓励人们要善于回归、到研究对象的本质上。回归原点创造方法最重要的是要抓住关键词。即在设想创造一个产品时，先提出代表这一产品本质的关键词，如洗衣机的关键词是"洗""安全"，自行车的关键词是"车""行""锻炼""休闲"等，这样问题就迎刃而解了。

对于大学生来说，成功实施发明创造活动的基本素质之一就是有抓取研究对象的关键和要点的能力，以及丢弃影响思维的旁枝末节的胆识，不为某事物的表面现象所迷惑，也不为某技术的具体细节所左右。

第二节
Who——给谁用

随着经济的发展，人们对产品和服务的需求越来越多样化、个性化、多元化，泛泛的产品和服务已经不能完全满足用户的需求。通过对目标用户进行精准定位，可以使产品和服务更有针对性、更有效率，从而满足用户的需求。在激烈竞争的市场环境中，企业要想占有一席之地，必须要知道自己的目标用户是谁、他们需要什么、他们为什么购买自己的产品或服务等，只有这样，才能有效地把握市场机会，获得市场竞争优势，从而在激烈的竞争中立于不败之地。

精准地定位目标用户群，瞄准市场，给产品找到合理的市场位置。所有的产品都只能满足部分人的需求，所以目标用户要非常清晰。这个目标群体，不是简单地说儿童、年轻人或者老年人，而应该是地域、职业、收入、年龄段、家庭状况、文化层次等多方面、多维度的群体。这里的目标用户一定是某个场景里的人，例如，跑步时候听音乐，做饭的时候听音乐，这两种场景，用户是不一样的。参考公式：地域＋年龄＋文化层次＋性别，比如，武汉市20岁左右的女大学生群体，农村大于60岁的识字的老年人群体。定位越具体，越能洞察到设计的切入点。

第三节
Why——为什么用

设计定位需要清晰准确地描述出选择和使用这个产品的理由。

为什么要用这个产品，有没有其他替代品？

为什么选择了这个产品，而不是那个产品？

是什么原因导致的？

还有其他更合适的理由吗？

可以实现什么样的效果？

能够解决什么问题？

案例：

如图4-2所示为一款专门为煤矿工人设计的过滤口罩。

图4-2 出尘不染（作者：陈雅文）

Why？他们为什么需要这样的产品？这个产品可以解决什么问题？

因为煤矿工人的工作环境比较恶劣，他们的工作环境充满了粉尘和有毒气体，这些粉尘和毒气不会一下子就要命，而是会慢慢侵入人体、毒害人体，煤矿工人需要新鲜的、健康的空气，所以，设计出这款可以过滤粉尘和有毒气体的口罩。

第四节
When——什么时间用

产品设计定位需要准确描述使用这个产品的时间。

什么时间用这个产品呢？是早上、中午，还是晚上？是吃饭的时候用，还是睡觉的时候用？是工作的时候用，还是休闲的时候？设计者需要清晰地定位产品使用的时间。

案例：

如图4-3所示为一款智能家用电工手套，什么时候用它呢？居家生活，难免遇到类似换灯泡这种事。非专业人士也许内心对电会有恐惧感。戴上这双手套，一方面能克服恐惧心理，另一方面它专业性强，能够帮助我们完成换灯泡、小修小检的事情。

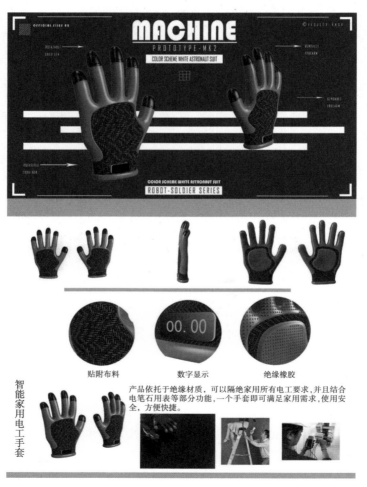

图4-3　智能家用电工手套（作者：田烨）

第五节
Where——在哪里用

在哪里用，指产品的使用场景。在汉语词典中，"场"指事情发生的地点，"景"是情况的意思。产品的场景有两层意思，即在哪里使用，使用的效果如何。"场"是物理角度的"时间和空间"。"景"是心理角度的"情景和情绪"。产品的使用场景既是物理场景，也包含了用户的感情和情绪。

使用场景不一样，对产品的要求是不一样的，所以要明确定位产品的使用场景。你设计的产品是在家里用，是在公司用，还是在车上用？在家里的哪里用呢，是厨房、客厅还是卫生间？这个问题也需要准确锚定。

准确描述产品的使用场景，能让我们更好地理解用户。首先，场景分析能帮助我们更深入地剖析用户，洞察用户底层的心理需求，与用户共情。其次，从场景的角度分析用户的画像和行为习惯，会更加具体和形象。此外，分析场景能更好地体察用户深层次的心理诉求，设身处地地在用户的立场考虑问题。

准确描述产品的使用场景能帮助我们更好地找到设计需求。以设计师的角度描述场景，有利于找到问题和痛点；以用户的角度体验场景，能增强同理心，更好地理解用户需求。

第六节
How——怎么用

你的产品是如何打开的，如何关闭的，如何调节，如何收纳等，都需要准确地描述。设计产品的时候多结合现实，多站在使用者的角度去思考，同样是达到目标，用户使用哪种方式最省时，哪种方式最简单，哪种方式效率最高，哪种方式使用成本最低，等等。如图4-4所示为产品的使用流程图。

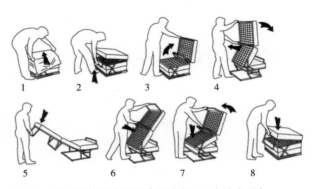

图4-4　产品的使用流程图（图片来源：老沈有理）

第七节
How Much——花多少费用

设计的产品成本是多少，对这个问题要有个预估，这关系到产品的市场情况和命运。对于企业来说，产品的成本控制，有以下优点：

一、帮助企业降低成本，提高利润

通过成本控制，企业能够及时了解成本情况，采取相应的措施，从而提高利润率。

二、提高企业的经营能力

成本控制的一个重要目标是提高企业的经营能力。只有掌握了成本情况，并知道如何控制成本，企业才能真正提高其经营能力。

三、保证企业的可持续发展

成本控制不仅可以提高企业的利润，还能保证企业的可持续发展。如果企业不能控制好成本，就会面临资金短缺、产品价格过高等问题，从而加速企业的衰败和倒闭。

四、提高企业的竞争力

成本控制可以提高企业的竞争力。如果企业能够通过成本控制减少生产成本，那么在价格上就能够占据优势，进而提高市场占有率。

五、促进企业的创新发展

成本控制可以促进企业的创新发展。降低成本可以为企业提供更多的资金和资源，从而投入新的项目和业务中，进一步推动企业的发展。对于消费者来说，产品的成本会影响消费者的决策。

综上所述，只有进行清晰准确的设计定位，才能够有效地把握事件的本质，捕捉到设计的核心。清楚准确的设计定位，可以准确界定、清晰表述问题；有助于思路的条理化，杜绝盲目性；有助于全面思考问题，从而避免在设计中遗漏项目，进而提高工作效率。

案例1：

智能猫咪喂食喂水器设计如表4-1、图4-5所示。

表4-1　智能猫咪喂食喂水器设计定位（作者：黄宇欣）

What——什么东西？	智能猫咪喂食喂水器
Who——给谁用？	猫
Why——为什么用？	为了解决猫咪自助吃饭饮水问题
When——什么时间用？	任何时间
Where——在哪里用？	家中
How ——怎么用？	可充电使用也可插电使用，通过开关调节投喂时间与投喂量的大小
How Much——花多少费用？	500~800元

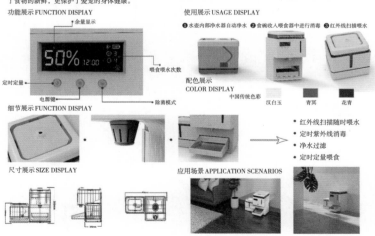

图4-5　喵星球——智能猫咪喂食器（作者：黄宇欣）

案例2：

智能宠物健康监测项圈如表4-2、图4-6所示。

表4-2　智能宠物健康监测项圈（作者：王小菲）

What——什么东西?	智能老龄宠物健康监测项圈
Who——给谁用?	猫、狗
Why——为什么用?	检测老龄宠物的健康状况
When——什么时间用?	任何时间
Where——在哪里用?	家中
How ——怎么用?	电池供电，手机物联操控
How Much——花多少费用?	200～600元

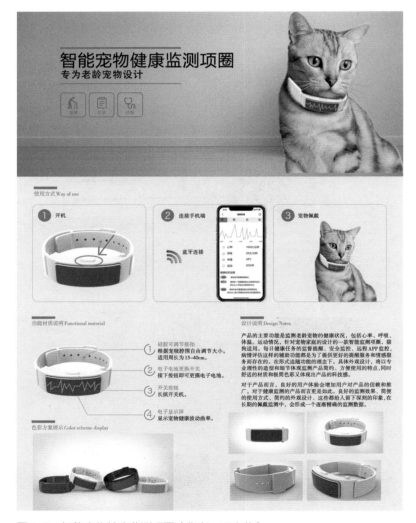

图4-6　智能宠物健康监测项圈（作者：王小菲）

■ 阐述了设计定位的目的和意义。在产品设计中，设计定位是非常
重要的，设计需要有的放矢，找准问题，找准用户群，这样的设
计研究才有价值。
■ 详细地介绍了5W2H的产品设计定位法。这种方法学生上手比较
容易，效率高，能够让学生获得学习的快乐，增加学习兴趣。

1.简述设计定位的重要性。
2.举例说明5W2H的产品设计定位法。

第五章

产品设计意向

课题名称： 产品设计意向

课题内容： 1. 意向词

2. 意向图

课题时间： 8课时

教学目的： 使学生了解产品设计的意向词和意向图，并能够在设计实践中使用。

教学方式： 理论讲解，课堂讨论，PPT展示

教学要求： 1. 了解意向词和意向图。

2. 能够运用意向词和意向图来辅助产品设计。

意向一般指个体对态度对象的反应倾向，即行为的准备状态，准备对态度对象做出一定的反应，因而是一种行为倾向，或叫作意图、意动[1]。意向也可以指心之所向、志向。此外，意向还可以是一种未分化的、没有明确意识的需要，它使人模模糊糊地感到要干点什么，但对于为什么要这要做、怎么去做，都还是不大清楚的。设计意向，简单地说就是你基本明确要设计什么，是针对某个设计目标可能需要解决的问题展开设计构思，明确解决问题的方向，进而形成初步设计概念。意向是设计之初对整个设计的总体方向的一种纲领性把握，为下一步具体深化设计明确目标。在产品设计中，意向就是对方案的感觉、想象和预判。

第一节
意向词

意向词，是对方案功能、形态、风格等的具体描述，比如现代的、稳重的、女性的、柔和的等，也就是我们常说的关键词。关键词源于英文"keywords"，特指单个媒体在制作使用索引时，所用到的词汇，是图书馆学中的词汇。关键词搜索是网络搜索索引的主要方法之一，就是访问者希望了解的产品、服务和公司等的具体名称用语。

在产品设计中，意向词或者关键词，指的是创意的文字化具象表述，包括选题、造型特征、风格特征、功能特点、配色等方面。意向关键词的表述要求准确、有针对性、目的性。我们在挑选意向关键词时还有一点要注意，就是避免拿含义宽泛的一般性词语作为关键词，而是要根据你的创意和方案的特征，尽可能选取具体的词。

案例1：

选题：可以数数的毽子

第一种方法是用图表的方式来陈述关键词（表5-1）。

表5-1 可以数数的毽子关键词图表（作者：胡仁发）

项目	用户	功能	形态	风格		
关键词	老少皆宜	数数的毽子	圆润	现代科技感	娱乐性	游戏性

第二种方法是把自己脑海中想到的关键词直接写出来：老少皆宜的，健身的，可数数的，圆润的，充满科技感的，具有游戏性的毽子。

确认选题，是确定了一个大概的方向，产品的造型、配色、大小等都是模糊的，通过关键词的陈述，这个链子的样子基本就可以在我们脑海中出现了。在这样的状态下，进行下一个步骤就会水到渠成了。其实这样一个描述的过程，就是一个产品画像的过程，可以帮助我们更清晰、具体地想象我们要做的方案的模样。

案例2：

选题：智能健康餐盘（表5-2）。

表5-2　智能健康餐盘关键词图表（作者：侯璟萱）

项目	用户	功能	形态	风格
关键词	减肥人群	督促减肥 控制食量	骨感	简约科技

直述式：智能、督促减肥、可控制食量、能告知摄取热量、简约科技……

通过关键词的陈述，我们可以想象，这个餐盘是让人一看到就联想到减肥的。餐盘结构上会有一个显示区域，整个餐盘给人无食欲的感觉，配色上可能就不那么热情了。有了这些关键词，我们找意向图就更有方向性了。

案例3：

选题：智能音响（表5-3）。

表5-3　智能音响关键词（作者：蒋佳军）

项目	用户	功能	形态	风格	颜色、材料、工艺
关键词	追求高品质生活	兼具文化与音响的传统功能	优雅	科技与现代融合	冷灰色 塑料磨砂

智能音响关键词的图表文字化，让产品更具体、更形象，思路越来越清晰。

除了我们自己对自己方案的关键词陈述，还有一些约定成俗的关键词，我们也可以参考。例如，电子类产品一定要时尚，医疗类产品多以白色为主，儿童产品都色彩鲜艳，老年人产品大多稳重大气，设备类要体现它的专业属性，智能产品体现它的科技感。记住这些关键词，设计产品时能让你事半功倍。

第二节
意向图

意向图是通过图片等传媒来传递契合你的设计理念、风格和设计方向性的方式。在产品设计中，意向图就是我们大脑中想要的方案的一个初步感觉，是在前期的选题、陈述关键词的基础上，让无形的创意逐渐有形的步骤之一。意向图可以帮助我们去直接感知产品的风格，比如说现代化的、简约的，或者中式、欧式等。造型特点，比如线条的曲直、装饰感、空间氛围感等。色彩的搭配，冷色调、暖色调。意向图可以让我们更清楚地感知方案的调性是怎么样的。

在产品设计的过程中，意向图是方案初期最重要的参考和借鉴资料。俗话说"巧妇难为无米之炊"，产品设计师脑海中得有想法。如果大脑一片空白，怎么做设计？所以意向图的收集是非常重要的。

意向图的收集整理是整个设计过程中必不可少的一步，也是感知方案和提高审美水平的最好方式。

意向图很重要，对我们设计产品有很大帮助，但是我们必须认识到，它只是意向图，是我们想做成的风格和大效果，不是我们的最终效果图，是不可以直接使用的，只能参考和借鉴。另外，设计过程中，我们也需要灵活运用，具体问题具体分析，具体方案具体思考，设计中没有1+1就一定等于2的规则。我们在选择和运用意向图进行方案推敲的过程中，一定要加大思考的数量及频次、拓宽思维的广度和宽度，力求能在多维度、多方向上进行实验性思考，只有这样，才能得到更多丰富的造型和设计的可能性。

一、如何选择图片

知道了在哪里收集意向图后，大家可能又有疑问了：图那么多，我应该怎么选择呢？大家可以参考下面这些方法来选取图片。

1. 关联主题

意向图的选择可以结合设计主题。前面我们已经做了明确的选题，主题已经非常清楚，这个时候我们输入主题词来搜索图片，把自己喜欢的图片保存下来。

案例：

如图5-1所示，蜂巢是蜜蜂用来栖息和储存食物的结构，由许多对称的六边形小房间构成，每个小房间都有六面相邻的其他小房间，可以最大限度地利用空间，具有舒适的温度和湿度控制，具备足够的通风系统和防御机制。蜂巢通常代表着团结、劳动和积极的力量。以蜂巢为意向图，将它嫁接到家具设计里面，这套作品颜色温柔，形式多样，适用于各种空间，达到了好看和适用的标准。

2. 关联形态

基于关键词，我们可以预见产品的形态，比如说交通工具，形态上要有速度感，那我

图5-1　蜂居（作者：蒋佳军）

们就可以搜索与速度相关的图片。飞鸟、奔跑中的动物，水里游动的各种鱼类，具有速度感的线条，等等。

案例：

如图5-2所示，想围绕川渝地区的建筑文化做一些文创产品设计，突出地域特色和建筑特色，所以搜集了一些川渝地区的建筑图片，为形态提炼收集素材。

四川民居（泸州·佛宝场）　盘点四川成都十大著名古建筑四川古建筑　记忆——宽窄巷子民俗　是什么造就了四川？　今日欣赏四川南充

有哪些值得一看的建筑……　四川藏区的建筑文化　国庆期间，四川十大旅游景点出炉　四川古建筑施工公司　羌族砖楼少数民族特色建筑　梦圆四川

图5-2　建筑造型（作者：蒋佳军）

如图5-3所示，这是根据收集的建筑素材，提取形态元素设计的香薰机，给人云雾缭绕的感觉。

图5-3　川雾——福宝古镇香薰机设计（作者：蒋佳军）

3.关联构图

构图是一个造型艺术术语，即绘画时根据题材和主题思想的要求，把要表现的形象适当地组织起来，构成一个协调的完整的画面。大家都非常熟悉构图，我们高中的基础课素描、色彩、速写都要构图，构图直接影响画面的美观程度，所以我们要收集构图优秀的图片。

案例：

平时需要收集有构图感、富有视觉冲击力的图片，这些图片可以作为后期渲染出图的参考（图5-4）。

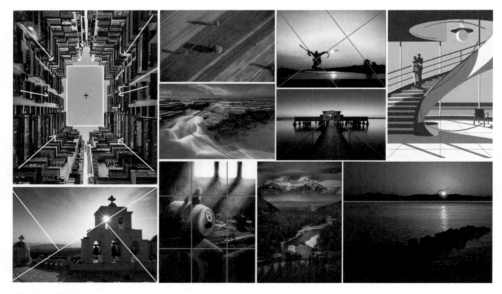

图5-4　构图

4.关联配色

色彩对产品设计来说是非常重要的。我们购买产品的时候，首先打动你的是什么？是颜色和造型。所以，色彩也是需要参考和借鉴的。只要你认为符合你的方案的风格，且配色非常赏心悦目，不管是什么类型的图片，都可以收集起来。我们可以向大自然学习配色，可以向服装学习配色，也可以向建筑学习配色。一切你觉得符合主题的，好看的图片都可以进行收集，作为意向图。

案例：

配色具体操作的方法类似于色彩构成里面的重构，首先提取照片里面的色彩，标注出色彩的RGB值或CMYK值，在渲染软件里面以这些值作为参考，将色彩应用到设计的产品里面就可以了，如图5-5所示。

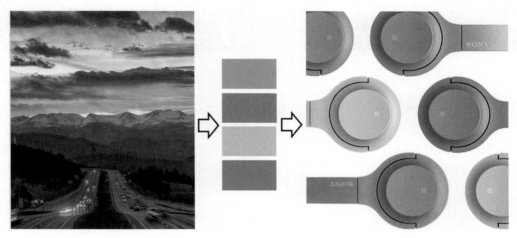

图5-5　配色

5.关联风格

想象中的方案的风格是什么样的，就搜索关键词，寻找和想象风格相关的图片。比如"圆润"，图片可能就是以曲线为主的感觉，全是折线的意向图可能就不合适。比如"复古"，图片可能是缠枝莲花、褐色或棕色、温暖怀旧风格特点等。

案例：

大家可以用以上方法来收集图片，在电脑里面建立文档，把图片分门别类地保存下来。如果大家每个作业都这样去做，资料就会越来越多，审美也会越来越好，设计的作品就会越来越美观。另外，这样的收集，是可以延续的。这个课程里面收集的资料，下一个课程或者作业，也是可以参考和借鉴的。作为未来的设计师，都应该建立自己的资料库，而不是每个作品都要从头再来。那么就可以重现在开始，建立自己的资料库。工欲善其事，必先利其器，资料库也是我们设计产品的工具，我们都应该好好地打造这个工具（图5-6）。

图5-6　产品风格

　　总体来说，收集意向图，就是要多看，看得多了，眼界就开阔了，存储就多了，灵感可能就来了。我们在设计过程中，纯粹地依靠灵感是很难的，要学会学习，学会运用现代科技带来的便利，学会科学的设计方法，意向图可以帮助我们更好地思考，辅助我们方案的执行，去探索设计的无限可能性。

二、如何运用意向图

　　比如说我们设计一款运动型音箱，那么我们首先要知道往什么方向设计，设计一个什么造型，还要知道设计这个造型的目的是什么，也就是你的产品定位，然后寻找合适的意向图，进行元素特征提取与运用。

　　第一步，根据定位方向去寻找合适的意向图，运动型音箱应该寻找与运动相关的比较有动感的意向图。

　　第二步，我们先分析和观察意向图，找到其特征，提取出来一个特征元素。

　　第三步，选取意向图中的特征线，将提取的线条变形，可以先从一个角度开始推敲，正视图或侧视图都可以。

　　第四步，根据得到的正视图或侧视图，推导出产品的整体造型，可以多角度延伸进行推导。

　　附：一些收集意向图的网站

　　下面这些网站，各有各的特点，同学们可以根据需要来选择。

1. Pexels

Pexels，作为图片素材界的超级网红，每周都会定量更新，提供强大的筛选功能，可以按搜索热度，或按颜色等来筛选图片；可以下载各种各样的分辨率，包括原图尺寸。

这个网站真的非常好用，图片质量高、清晰并且免费，每张图片的颜色、构图都很美，浏览这个网站是一种享受（图5-7）。大家可以试试。

图5-7　Pexels界面

2. Pixabay

Pixabay是一个支持中文搜索的可商用图库。里面有很多不同类型的摄影照片，完美解决各种场合的分辨率要求，是一个图片搜索神器（图5-8）。

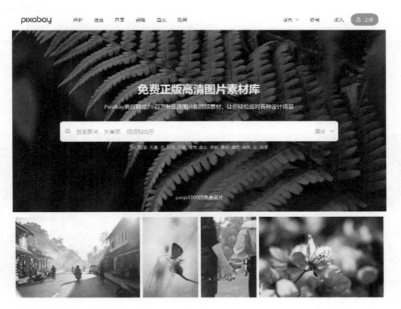

图5-8　Pixabay界面

3. VisualHunt

VisualHunt 收录着大量免费图片，号称超过三亿张，而且它可以通过颜色来查找图片，无须注册、登陆，即可在线下载图片（图5-9）。

图5-9　VisualHunt界面

4. Kaboompics

Kaboompics以生活化免费高质量图片素材为主（图5-10）。所有的图片都可以应用于任何项目，图片美到爆，大家赶紧试试！

图5-10　Kaboompics界面

5. Pinterest

Pinterest 采用的是瀑布流的形式展现图片内容，无须用户翻页，新的图片不断自动加载在页面底端，让用户不断地发现新图片。他是全球最大的图片创意社交分享网站，让人不知不觉就能刷上一整天（图5-11）。

图5-11　Pinterest界面

6. Core77

Core77是美国一个专注于介绍全球工业设计行业信息的网站，创建于1995年，是一个比较权威的工业设计网站。上面发表的文章包括了工业设计作品、工业设计论文、工业设计最新动向等内容，拥有来自全球各个国家的工业设计粉丝（图5-12）。

7. Pic jumbo

Pic jumbo网站上的图像资源很棒，可免费供个人和商业使用。不仅有图片，还有各式插画、矢量画。照片质量很好，非常适合用在界面设计或其他项目上（图5-13）。

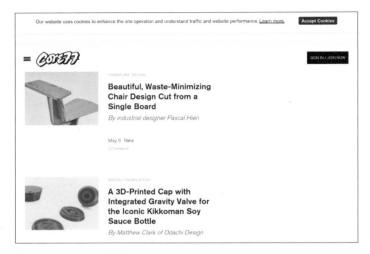

图5-12　Core77界面

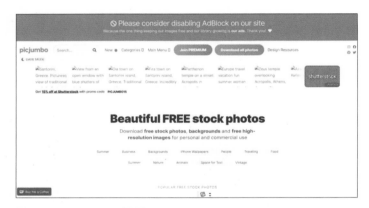

图5-13　Pic jumbo界面

8. Yanko Design

Yanko Design涵盖了工业设计的各个方面，网站里有很多前卫的概念产品设计（图5-14）。

图5-14　YD界面

9. 谷德gooood设计网

谷德gooood是中国第一影响力且最受欢迎的建筑/景观/设计门户与平台。该网站坚信设计与创意将使所有人受益，传播世界建筑/景观/室内佳作与思想，赋能创意产业链上的企业与机构（图5-15）。

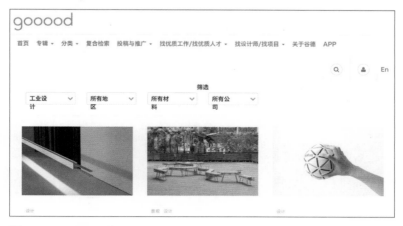

图5-15 gooood界面

10. Behance

Behance是展示和发现创意作品的领先在线平台，同时也是Adobe系列的一部分。Behance的管理团队每天都会从各种领域中的顶级组合探索出新作品。这些领域包括设计、时尚、插图、工业设计、建筑、摄影、美术、广告、排版、动画、声效等。领先的创意公司可以通过Behance发现人才，数百万的访客也可以使用Behance跟踪最新和最杰出的创意人才。

除此之外，普象网、矮凳网、站酷网、花瓣网等也是可以快速提高审美和专业能力的网站。下面这些网站，大家也可以多看看：lemanoosh，ifdesign，idsa，red-dot，design-milk，matomeno，cardesignnews，carbodydesign。

本章小结

- 意向词由一个词汇表组成，该词汇表的类别设置与关键词选择，必须与设计主题相关，并遵循产品设计所包含的内容。关键词与设计方案有很强的关联性，是设计方案的创新点及特征的词，要注意关键词的精准度。
- 以一个汽车设计为例，如果用一张相似汽车的照片来表达你的设计构思，这是意向图。意向图可以体现设计方案的风格调性，可以参考，但是不可以抄袭。

1.举例说明关键词的意义。

2.举例说明意向图的作用、意义和实施方法。

第六章

产品设计手绘表达

课题名称： 产品设计手绘表达

课题内容： 1.形态概述

2.方案概念草图

3.方案整体效果图

4.方案细节图

5.方案结构图

6.方案CMF图

7.使用流程图

8.生命五品图

课题时间： 16课时

教学目的： 使学生了解产品设计手绘的目的和意义，知道产品设计手绘需要表达的内容，以及表达的方式方法等。

教学方式： 理论讲解，课堂讨论，PPT展示

教学要求： 1.了解产品设计手绘的目的和意义。

2.了解产品设计手绘表达的内容。

3.能够运用所学知识进行产品设计手绘表达。

确定了主题，明确了产品定位，接下来就是要将文字创意图形化、立体化、可视化。这个步骤我们通常用手绘表达的方式来进行。

思考是创造重要的因素之一，而表达是把思考变成现实的方式和途径。在产品设计中，手绘是捕捉灵感、再现设计思维、推敲设计对象的形态结构、色彩肌理、材料加工和使用方式等重要方法。

创意从无形的、抽象的文字，到有形的、具象的图形，从思维到图解，是一个无法计划和量化的复杂过程，受创作者当时的心情和情绪的影响较大。手绘表达的过程，是设计者的思想感情、主观感受、创造意识、目标追求和精神理念等共同作用的结果。因此，他需要创作者有强烈的创作热情和欲望，这样才能把脑海中的概念变为实际产品。这个过程的质量如何，将直接影响创意的呈现。

第一节
形态概述

前期调研、设计定位、意向词、意向图都已经研究得有一定深度和广度了，就可以开始围绕主题，进行产品设计手绘表达了，也就是我们通常说的草图表达、快速表达等，这是将前期的文字研究转变成图形的过程，就是"文字图形化"。形态概述主要包括形态推敲、语义塑造、产品配色、材质工艺、使用方式等内容。不同的造型，给人不同的视觉感受。例如，正方体、球体等规矩造型给人简约的感觉；动物的仿生形体，给人亲切、可爱的感觉。

一、形态定义

形，是形状；态，是态度。形态是形状给人的感觉。在设计领域中，形态是指物体或事物的外观、形状和结构等方面的特征，以及这些特征给人带来的复杂情感体验。

产品采用什么样的造型，主要基于前期方案的分析研究，产品的市场定位，而不是天马行空，自己随意乱造。因此，在设计产品造型之前，我们首先要进行前期的市场调研和用户分析，了解现有产品的市场动态、用户喜好、同类产品的造型现状以及优缺点的分析，然后提出自己的造型创意及评估对比，确保设计的新造型有自己的优势和特点。总之，产品造型设计要设计主题和设计定位关联。

在产品设计中，形态是非常重要的一个因素，因为它不仅直接影响产品的可视性和吸引力，还与产品的功能、材料、使用场景等都有一定的关系。通过对形态的设计和创新，可以改善产品的外观、提高用户体验、增加品牌价值等，从而让产品更具竞争力。

二、形态类别

在产品设计中，形态设计需要考虑众多因素，例如，产品的使用目的、使用场景、目标用户群体、材料属性、工艺制造等方面。通过从多个角度和维度考虑形态，设计师可以更好地创造出符合市场需求、突出品牌特色和有竞争力的产品形态。在进行产品手绘表达之前，先了解一下造型的种类和形态的情感体验是非常必要的。

1. 几何形态

几何造型，就是用我们常见的几何形进行产品造型，如长方体、正方体、圆球、三角体、圆柱体、锥体等，给人简单、干净、利索、科技、直率等感觉。几何形体是我们生活中最常见的形体，也是所有产品变化的根本，有限的几何可以拼出多种造型，给人无限遐想的空间。

在几何形体的造型过程中，我们需要根据产品的具体要求，运用切割、组合、变异、综合等造型手法，对原始的几何形态做进一步变化和改进，以获取新的立体几何形态。简单线条的拼接，往往会给人带来意想不到的视觉冲击力，没有了繁复的装饰和精巧的雕纹，可以使人们的视线聚焦设计本身。

同学们可以和前面学过的立体构成结合起来进行操作，用加法或者减法的造型手法，或是通过组合产生千变万化的效果，创造出无数的新几何造型，是简便易上手的一种造型（图6-1）。

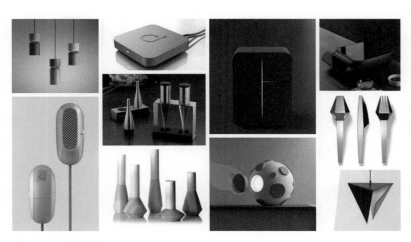

图6-1　几何造型

2. 仿生形态

这种造型也是同学们比较容易操作的一种。当我们对方案的造型没有什么想法的时候，我们就可以走进大自然，去观察自然界里的动物、植物，甚至是去捡掉落在地上的树叶，这些都可以来帮助我们完成方案的造型。这种造型给人亲切、自然、靠近、舒服、可爱等感受。大自然是我们创新的源泉，人类最早的一些造物活动都是以自然界的生物体为蓝本的。通过对某种生物结构或者生物形态的模仿，达到造型的目的。用这种方法来造型的案例是非常多的，大家平时也可以有意识地收集这方面的资料。

仿生造型，不是要"一模一样"，而是"形似"或"神似"，形似可以给人别样的思绪情怀，神似是仿生设计的高级境界。我们可以通过仿生造型，给人们美妙的体验（图6-2）。

图6-2 仿生造型

3. 包裹形态

包裹，作为动词解释的时候，有包容、包围、包扎、包装的含义。作为名词解释的时候，指包扎成件的物体。

在产品设计造型中，就是一个组成部分包围或裹住另一个组成部分的意思。包裹感的灵感来源于蚕蛹、包粽子等，是一种很重要的设计造型方法，给人包容、含蓄、整体等感觉。包裹感表达出一种包围、环绕的感觉，多数为三面包裹形成开口之势，营造出一体感。开口处突出重要的交互区域、操控区域或者功能区域，是一种很流行的造型风格手法。不同的组合部分，运用不同的色彩、材质和肌理进行表达，形成强烈的视觉感（图6-3）。

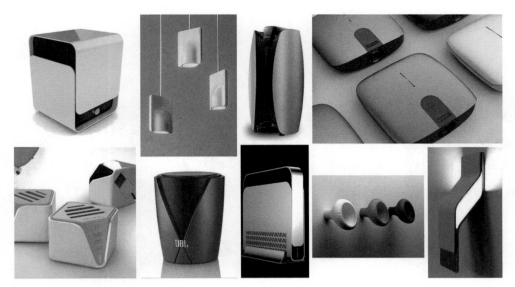

图6-3 包裹造型

4. 卡通形态

"卡通"一词来源于英文单词"cartoon",《现代汉语词典》对其的解释为:动画片、漫画。在产品设计中,卡通造型就是基于各种动画片,各种IP形象,比如米奇、小猪佩奇等。设计师常以卡通化的材质、卡通化的比例、卡通化的形面、卡通化的色彩以及卡通化的形象来展示这种圆润、可爱、呆萌、柔和、温馨等特质。这一类别的产品造型给人憨憨萌萌、可可爱爱的感觉,很有亲和力,深受小朋友和拥有少女心的群体的喜爱。再加上各种卡通形象本身就经过设计师处理,自带故事性,与产品设计相结合,增加了产品的代入感。

卡通造型手法也是一种比较好操作的产品造型方法,它是基于仿生设计手法的,只不过它的造型特点是"卡通",所以单列出来。卡通化设计是一种混合卡通风格、漫画曲线、突发奇想与宣扬情趣生活的一种特殊设计方法,它把人们对享受人生乐趣的生活态度混合到了产品造型风格之中,给人轻松、诙谐、幽默、有趣、童真的感觉(图6-4)。

5. 趣味形态

趣味性是指新闻事实及其表现方法充满吸引受众的情趣和人情味的特质。要求在内容真实、新鲜的基础上,满足受众的心理需求。通常包括两个方面:一是使受众普遍感兴趣的饶有趣味的新闻事实本身;二是引人入胜、生动风趣的表达方式。

趣味的造型手法也有仿生设计的基因,它的造型特点是"趣味",给人有趣的感觉。

在产品设计中,消费者的消费趣味和文化趣味成为影响设计的首要因素。产品设计可以以趣味性的设计来构建起人与物更多的情感交流。趣味型具有代表性的案例是阿莱西设计，这个公司被称为意大利设计的梦工厂，它的产品被人们评价为"诗意的感性体验和充满幽默的戏谑趣味"，其设计非常善于在情感化上做文章，用各种情感化符号，激发人们的情感共鸣（图6-5）。

图6-4　卡通造型

图6-5　趣味造型

三、形态功能

1.认知功能：我是什么

产品造型首先要解决的就是告诉人们"我是什么"的问题。人通过嘴巴，用语言的方式来表达自己。产品用什么呢？产品以它的外在形式，如造型、颜色、材料等，向人们提供各种信息，表明它是什么，意味着什么，或者传达更多的信息，这就是产品的认知功能。认知功能是人通过各种感觉器官，如视觉，这是最直观的，还有触觉、听觉等，接受来自产品的各种刺激，形成整体知觉，再产生相应的概念或表象，这样的心理过程实现的。所以，同学们在构思造型的时候，首要考虑的就是产品的认知功能，能减少用户的认知成本。

2.指示功能：我能干什么

指示，指以手指点表示、指引，就是指给人看，指向、引导的意思。产品要实现其实用功能，就要具有指示功能，这样才能获得良好的人机交互。产品的外观形式要提供足够的信息，方便人们的操作，形成一个合理的人工环境，降低人们的使用成本。深泽直人为MUJI设计的壁挂式CD机，下方有一条垂直线，人们一看这个造型，就会用手去拉，这就是造型的指示功能（图6-6）。

图6-6　壁挂式CD机（作者：深泽直人）

3.象征功能：我能给你带来什么体验、感受、意义

象征是指借用某种具体的形象的事物暗示特定的人物或事理，以表达真挚的感情和深刻的寓意，这种以物征事的艺术表现手法叫象征。象征的表现效果是：寓意深刻，能丰富

人们的联想，耐人寻味，使人获得意境无穷的感觉；能给人以简练、形象的实感，能表达真挚的感情。

在产品设计中，象征就是产品背后的东西，就是产品的隐喻，比如产品意味着高贵的品质、真诚的情感、高级、优雅等。在物质丰富的今天，产品的象征功能尤其重要，很多时候人们购买一个产品，不是因为需要，而是购买的产品背后的文化。就如喝白酒，人们觉得接地气，有生活气息；而喝红酒，人们就会觉得高雅、悠闲、享受。这种产品外表背后深层的文化内涵，精神体验，映射出的对风格、文化象征关联的认知语义，满足了用户对产品情感上的需求，在今天的产品设计中是非常重要的。

4.审美功能

产品不仅要好用，还要好看。审美功能是指商品本身能够为消费者的审美活动创造美感。不管这种商品是艺术品还是非艺术品，给消费者产生美感是商品的高层心理功能之一。

产品的审美功能往往是功能美、方法美、艺术美的综合表现。好的产品是好用的，它将技术、材料、工艺融为一体，达到使用系统和谐。好的产品也是好看的，它将线条、色彩、肌理融为一体，达到审美系统的和谐。这种技术和艺术的统一，功能和形式的统一，这种美，美得自然，美得纯粹，能给用户提供良好的使用体验，能提高用户的生活品位和提供生活便利，提升生活质量。

第二节
方案概念草图

这是文字图形化、抽象具体化的过程，是初始化的设计表现，是形体的概念阶段，充满了继续推敲的可能性和不确定性。在前期研究的基础上，凭借直观感受，把脑中所想到的形象、色彩、质感和感觉，用图在纸上呈现，画出方案的大致样子。线描、素描各种形式都可以，不强调美感，只注重想法又快又多地呈现。你想如何呈现你的想法，如何快速地表达创意和想法，就怎么样画，这个阶段的图越多越好（图6-7）。

注意事项：

第一，对于不同的表现内容应采取不同的方法，表述的语言不要受制约，应以准确、快速、经济为准则。

第二，通过对多种表现技法的学习、试验，最后可以集中在一两种最适合自己的并具有广泛的适应力的手绘表现图上。

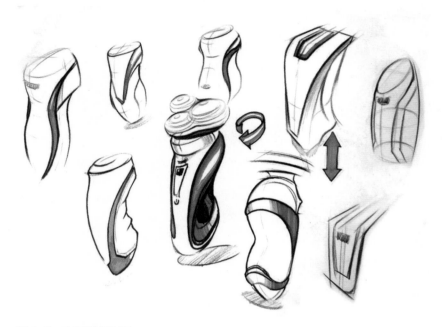

图6-7　方案概念草图

　　第三，方案概念草图具有艺术欣赏价值，但它不是艺术作品，其主要功能是"图解"的作用，要有合理、科学的内容，注重内容表现，而不是花里胡哨的炫技。

第三节
方案整体效果图

　　方案概念草图是思维的发散过程，方案整体效果图是思维的收敛结果。整体效果图是设计方案的深入、细化阶段，是在概念草图的基础上，进一步翔实清晰地表达方案产品的形态、结构、材质、色彩，必要时为了强化主题，还可以绘出产品的使用环境、使用者等（图6-8）。

　　产品方案效果图表达的要领如下。

图6-8　方案整体效果图（作者：关艳）

1.选取清晰的透视角度和比例

效果图需要遵循透视原理和比例原则，确保视觉上看起来真实、清晰和精细。在选择透视角度和比例时，需要考虑产品的主要特征和需要强调的细节。

2.突出主体结构和特点

在效果图中，主体结构和主要特点需要突出，以便用户直接了解产品最重要的外观和功能特性。同时，需要保证细节质感和外观令人满意，或者在图示中添加注释。

3.选取合适的材质和颜色

材质和颜色对于产品的外观有很大影响。在效果图中的材质和颜色要符合设计意图，也要考虑清晰程度和逼真性。

4.注意配合文字说明

效果图虽然是通过图片展示产品，但是清晰的文字说明可以更好地帮助用户理解产品特点和功能。需要平衡图像与文字的关系，加入简短、明了又有针对性的注释。

5.保持统一风格

在绘制效果图时，要注意统一风格和细节处理方式，前后效果图的细节和风格要一致。这有助于增加用户对产品认知的易读性，让其更明确、清晰地了解产品。

第四节
方案细节图

细节图画什么？很多同学在画图的时候是为了细节而细节，老师要求画就画一个，画什么不知道，或者是主图里已经表达清楚的地方，再局部放大了画个大图，这样的工作没有意义。

细节图表达的目的，是呈现在产品整体效果图里隐藏的、看不到的、没有表达清楚的地方。针对这些问题，进一步明确方案，用细节图的形式，把产品结构整理清楚。

比如主图里没有呈现的其他面的形状、连接结构、按键形状、表明纹理、倒角面或者小的曲面过渡等，还可加入一些说明性的文字，让自己或者观众清楚每一个细节和工作方式。

第五节
方案结构图

　　方案结构图主要表现产品的内部结构、外部结构和装配方式等，让自己或者消费者了解方案的结构组成、技术原理、工作原理等。具体操作的时候，我们常用产品剖面图的形式，辅以文字来进行表现（图6-9）。

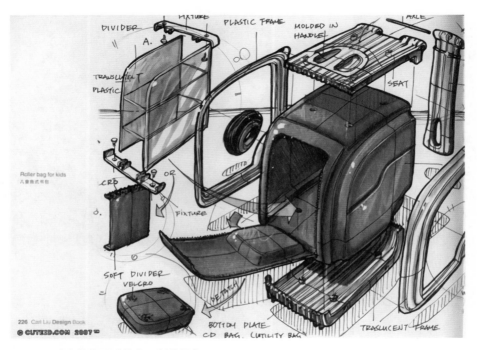

图6-9　方案结构图（作者：刘传凯）

第六节
方案CMF图

　　CMF，是Color、Material、Finishing三个单词首字母的组合，其中C代表颜色，M代表材料，F代表表面工艺。在产品设计中，CMF设计是指通过选择适合的颜色、材料和饰面，在产品设计过程中创造出符合市场需求和消费者品味的产品。

CMF设计在产品开发过程中扮演着至关重要的角色，CMF的价值不仅是赋予产品外观上的"美"，而且是产品与消费者对话的桥梁。材料满足人们的健康和安全需要，形状满足人体工程学的舒适度，颜色满足消费者的内心感受。

一、颜色

颜色对产品来说非常重要，我们在选购产品的时候，通常第一印象就是颜色。产品的色彩搭配无绝对标准，在色彩搭配时，要将色彩心理学、产品的功能、使用人群、使用环境等因素综合考量、灵活搭配。在具体操作中，就是在手绘造型图的基础上，用马克笔给方案上色，这是现在使用面最广，也很经济高效的方式。需要特别注意的是，一定要分清主色和辅色，避免色彩混乱。

1.色彩对产品的视觉影响

（1）轻重感：一斤棉花和一斤铁，给你的视觉感受是什么样的？一般来说，明度高的色彩产品给人感觉轻，明度低的色彩产品给人感觉重；暖色给人感觉轻，冷色给人感觉重。

（2）大小感：一般来说，暖色具有扩张性，冷色具有收敛性。暖色系的产品，给人的视觉感受会比产品的实际尺寸大；冷色系的产品给人的视觉感受会比产品的实际尺寸小。

（3）软硬感：不同的色彩，给人的软硬感是不一样的。色彩的明度是影响产品软硬的因素之一，明度高的色彩软性感觉多，明度低的色彩硬性感觉多。明度相同的情况下，暖色系里，纯度越低就越显软；冷色系里，纯度越高就越显硬。

2.色彩心理及其在不同领域的运用

红色：热情、力量、强烈、极端、危险、喜庆。红色常用于工业设备、时尚电子、婚庆节日文化产品领域。

黄色：明亮、活泼、警示。黄色常用于母婴、运动、工具设备领域。

蓝色：安静、浩瀚、清凉、平和、清爽。蓝色常用于科技医疗领域。

绿色：生机、年轻、舒缓、环保、健康、原生态。绿色常用于环保、卫生、厨具领域。

橙色：活泼、食欲、温和、友善、亮眼。橙色常用于运动、数码三防领域。

粉红色：宁静、安详、柔和、浪漫、有情调。粉红色常用于女性产品，如化妆品等。

紫色：神秘、高贵、庄重、奢华、优雅、安慰。紫色常用于护理消毒领域。

黑色、白色：严谨、融合、沉稳。黑色、白色常用于家电办公领域。

3.不同配色心理感受

（1）同色系色彩搭配：让产品整体和谐统一，同时体现了产品色彩在细节上的变化。

（2）对比色的色彩搭配：鲜明的色彩对比凸显产品的个性、魅力。

（3）经典黑白配色组合：黑与白的搭配体现简约、现代、大方的感觉。

（4）点缀亮色：点缀产品，强调重点，活跃画面。

（5）渐变色运用：色彩丰富而变化细腻，视觉效果惊艳。

4.配色比例

主色与辅色黄金比例：主色面积占比约60%，辅色面积占比约30%，点缀色面积占比约10%。

二、材料

材料是产品实现的介质，是色彩、工艺纹理的唯一载体，是产品的物质基础。在产品设计中，不同的材料、不同的加工工艺，会有不同的应用。如果使用不同的材料或加工工艺，来制造功能或形式相同或类似的产品，产品将具有不同的外观或功能，并表现出完全不同的产品气质。以沙发设计为例，布艺沙发、皮质沙发、木质沙发、藤制沙发，给使用者坐或躺的感觉是完全不一样的。材质在很大程度上影响着消费者对产品整体意向的感知。随着科技进步、技术突破、新材料的涌现、审美的变化、环境要求，产品设计在材料选择上的要求也越来越严格。设计师只有熟练掌握材料的感觉特性、功能特性和美学特性等，才能保证材质在产品设计中的完美呈现，常用材料特性见表6-1。

表6-1　常用材料特性

材料	感觉特性	功能特性	美学特性
木材	自然、朴实、温馨、亲切、生命、淳朴、舒适、人情味……	重量轻、强重比高、弹性好、耐冲击、纹理色调丰富美观，加工容易等；缺点是易燃、易潮	木材的颜色、质感、构图都有其独特的自然美，总体感受会是亲切，温和的
金属	坚硬、冰冷、现代、科技、压迫、距离、逃避、敬仰……	具有光泽（即对可见光强烈反射）、富有延展性、容易导电、导热等性质的物质；缺点是易腐蚀和生锈	极强的表现力，冷峻的外表中透射出一种生机和活力，有一种独特的静态美感
玻璃	清晰、清冷、灵敏、耐用、晶莹剔透、清新、简洁、滑爽、透明……	良好的通透感、时尚、易塑型、成本低、模具成型尺寸精确、颜色丰富、工艺精美；缺点是易碎	透明性、可塑态的渐变性、光的折射和反射性
皮革	复古、柔软、温度、优雅、自然、弹性、奢华、古典、高贵……	柔软、透气、耐磨、耐热、耐燃；缺点是潮湿时易变形、干燥时易变质	经过谨慎加工、精心鞣制的皮革具有使人着迷的神奇魅力，这种神奇魅力是皮革独有的

材料	感觉特性	功能特性	美学特性
陶瓷	沉稳、古朴、柔和、泥土、自然、滋润、深沉、精致、幽光弥漫……	硬度高、耐磨、耐高温、稳定、绝缘、经久耐用、传热慢、易清洁；缺点是易碎	细腻、温和、质朴、圆润、饱满的材质美
纤维	柔软、光滑、优雅、细腻、轻巧……	棉麻舒适透气，羊毛保暖，蚕丝轻盈华贵，涤纶锦纶弹性好、耐磨	千变万化的视觉、丰富的表现力是纤维独特的魅力，给人们带来了情感上的满足与精神上的享受
塑料	轻盈、方便、廉价、透明、丰富、柔和……	料质轻、化学性稳定、较好的透明性和耐磨耗性、绝缘性好、易加工；缺点是导热性低、易燃烧、易变形、易老化	多变的美。木材的自然生态，金属的科技感，玻璃的透明感，皮革的温度，纤维的柔软
……	……	……	……

三、表面工艺

表面处理工艺是产品成型与外观效果实现的重要手段。在不同的表面处理工艺作用下，同一种材料可以呈现多种不同的产品形态和效果。只要选择适当的工艺，便可以使普通的材料具备诱人的魅力，带给消费者全新的产品感受，从而赋予企业和产品无与伦比的竞争优势，并发挥化腐朽为神奇的效果。

第七节
使用流程图

造型草图画好了之后，需要通过画流程图来进一步梳理产品的操作流程，更好地去完成产品创意呈现。使用流程图，就是产品使用前、使用中和使用后的状态。使用前，即产品不使用的时候、静态的时候，要做足"表面"文章。所谓表面文章，就是要好看、要耐看、要赏心悦目、要美。使用中，要分享产品特性。产品通过被使用来实现自己的价值，使用的过程，人们获取产品的功能、便捷、舒适。所以，使用中的流程图一定要把这些创意点都表现出来，这样可以给我们的创意加分。使用后，展示用户的成就。如果产品使用后令人满意，那就更能给我们的创意加分。

第八节
生命五品图

产品的生命五品图，指作品、产品、商品、用品、废品，是产品不同阶段的状态图。这不是必要图，但是可以给我们的创意加分，尤其是环保、绿色理念当道的今天。草图阶段，我们可以用文字或图的方式把这个五品图表达一下，让人们更深入地感知我们设计的创意创新点。

（1）"作品"要有创新价值。一个设计作品如果没有创新，没有差异化，没有特点，那也就没有被设计的意义。

（2）"产品"要有生产价值。在工业时代，是否可大量生产，并且实现低成本、高质量、高性价比，这就是产品的价值。设计师往往都特别注重作品价值，但若不懂产业规则，就无法做出产品价值。

（3）"商品"要有商业价值。产品在经历作品、产品阶段后，是否可以流通，通过品牌、渠道、零售等方式，产生流通价值。

（4）"用品"要有使用价值，指的是这件商品是否能被海量用户所使用与喜爱。

（5）"废品"要有回收利用价值。商品在自己生命周期的最后阶段，是否可以通过类似碳中和的方式，回馈社会。

从作品、产品、商品到用品，再到废品，这是一个产品的生命线。今天是一个物质丰裕的时代，物质丰裕的矛盾面就是巨大的浪费，废品的处理是一个重要问题。物质丰裕前的时代，设计着重关注到了作品、产品、商品到用品；物质丰裕时代，设计的重点应该是废品。学生的作业中，目前对这方面也越来越注重。所以，如果大家在草图阶段，把这些问题做到位，能够给设计加分。

案例：控制台设计

关键词：现代 简约 科幻

这些关键词的提取是根据与甲方的多次沟通讨论而来的，不是想当然来的，也不是个人主义的表现。首先，要了解企业的定位和文化背景；其次，了解产品的定位和市场需求，了解构成产品的所有因素等，在这样的前提下，再来总结和提炼。这个阶段需要多看、多思、多交流，充分地交流沟通是非常必要的。

意向图：围绕关键词，收集和设计任务相关的素材。素材可以是跨领域收集，这样可以避免产品概念撞车或雷同。这个阶段需要多看。看得多了，素材就多了，视域就开阔了，思路就打开了，审美也就提高了（图6-10）。

图6-10　意向图

　　形态推敲1：打开造型意向图的文件夹，一边浏览，一边分析和观察意向图，寻找到意向图的造型特点，进行特征线的提取。将提取的线条用手绘的方式，快速记录在草稿纸上，这个步骤要求手脑并用，目标是大的方向、大概的造型效果、大的感觉，意向图越多越好。手绘草图能够帮助我们抓住瞬间的灵感，快速地表达出自己的想法，便于记录（图6-11）。

图6-11　形态推敲1（作者：殷腾东）

形态推敲2：在前期草图的基础上，选择几个综合评价比较合适的，进行造型的深入推导，这一步的目的是造型的深入细化。将草图进行提炼概括，用图形去表达素材传递给你的直观感受，这个时候要注意形态、细节、色彩、光影、材质等语言的传递；并且要注意形式美学的应用及产品功能等细节的推敲，还要注意产品的人机尺寸等（图6-12）。

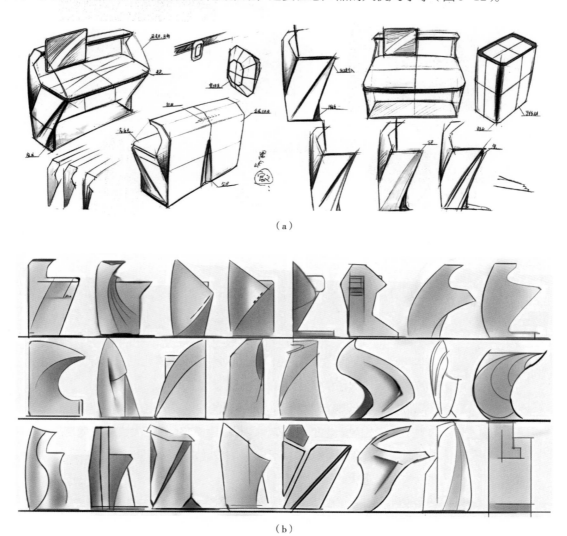

（a）

（b）

图6-12 形态推敲2（作者：殷腾东）

经过充分地形态推敲与讨论，产品大的造型，小的细节，Logo的放置，材料工艺的选择，色彩的搭配，边边角角的处理，内外部结构等就清晰了。然后在此基础上，借助计算机辅助设计，进行效果图的制作，整个流程就是顺理成章、水到渠成的，并且后续会事半功倍，使工作效率大大提高（图6-13）。

图6-13 产品设计方案

本章 小结

■ 产品设计手绘是一种通过手绘图形来表达产品设计想法和概念的方法。它能够帮助产品设计师更加直观地展示他们的设计思路，以及产品的外形、功能、材料和色彩等方面的特点。手绘图形比文字和数字更能够引人入胜、易于理解，并能够让设计师以最简单的方式传达复杂的概念和形状。

■ 产品设计手绘能够帮助产品设计师更快速地迭代和调整设计，因为手绘图形相对于电子绘图软件和3D建模软件来说更加灵活和容易修改。通过手绘，设计师可以更快地尝试多种不同的设计方案，然后快速做出决策。

■ 产品设计手绘能够展示设计师个人风格和创意。在手绘设计中，设计师可以更加自由地表现自己，并展示自己独特的设计思维和风格。

思考 与 练习

1.简述产品设计手绘表达的作用和意义。

2.简述产品设计手绘表达的内容。

第七章

计算机辅助设计

课题名称： 计算机辅助设计

课题内容： 1.建模

2.渲染

3.版式设计

4.方案汇报PPT

课题时间： 16课时

教学目的： 计算机辅助设计是一种高科技、高效率的设计工具。通过各种设计软件的使用，可以帮助学生更好地实现设计想法，从而激发他们的创新热情。计算机辅助设计的教学目的在于培养学生的计算机技术应用能力、提高学生的设计能力、培养学生的团队协作精神和创新能力，从而为现代设计行业培养合格的人才。

教学方式： 理论讲解，课堂讨论，PPT展示

教学要求： 1.了解3D建模软件，并能够熟练使用其中一种软件。

2.了解渲染软件，并能够熟练操作其中一种软件。

3.了解平面设计软件，并能够熟练操作其中一种。

第一节
建模

建模的主要目的就是把大脑中的那个Idea，用人们看得见的、占有空间的、有体积感的三维实体表现出来，是将从嘴巴说出的文字变成眼睛能看到的东西的过程。对电脑模型的要求就是真实细腻，让人能感受模型的大小、细节。

一、软件介绍

建模的软件有Rhino、3D Max、Pro-E、Alias、SolidWorks、UG等，每个软件各有优势和特长，应根据自己的需求进行选择。

1. Rhino软件

Rhino，中文名称犀牛，是美国Robert McNeel & Assoc公司于1998年推出的一款三维建模软件。Rhino能输出obj、DXF、IGES、STL、3dm等不同格式，兼容于几乎所有3D软件（图7-1）。

对于产品设计来说，Rhino软件是非常合适的，它可以用于设计各种产品，如家电、家具、珠宝首饰、鞋子、包包、建筑、船舶等，优势明显。首先，Rhino软件上手快，非常容易入门。比起3D Max，Rhino脉

图7-1　Rhino界面

络分明，让你一下就能抓住要点，能够立马看到效果，这样可以增强学生的学习兴趣，提升学生的成就感和获得感。其次，麻雀虽小，五脏俱全，它占用内存很小，但是它功能十分强大。Rhino软件对硬件配置要求不是很高，一般配置的台式机或笔记本都可以满足。Rhino软件结合各种插件的运用，可以使其功能更加强大。最后，Rhino软件建模方式多样化，效果丰富自然，建模精度高，连接3D打印机，可以直接打出模型，可以让学生快速高效的体验创意从无到有的过程。

2. 3D Max软件

3D Studio Max，常简称为3D Max或3DS MAX，是Discreet公司开发的（后被

Autodesk公司合并）基于PC系统的3D建模渲染和制作软件。其前身是基于DOS操作系统的3D Studio系列软件。3D Studio Max + Windows NT组合的出现一下子降低了CG制作的门槛，首先，开始运用在电脑游戏中的动画制作，后来进一步开始参与影视片的特效制作，如《X战警Ⅱ》《最后的武士》等。在Discreet 3DS Max 7后，正式更名为Autodesk 3DS Max，最新版本是3DS Max 2022（图7-2）。

用3D Max软件设计产品也是可以的，可以集建模和渲染于一体，不借助插件，完成所有工作。相较于Rhino软件，3D Max有一定的难度，门槛稍高，完成得没有Rhino快，另外，对计算机硬件配置要求较高。如果模型面比较多，计算机运行速度会有影响。

3. Pro-E软件

Pro-E是Pro/Engineer的简称，更常用的简称是Pro E或Pro/E，Pro-E是美国参数技术公司（Parametric Technology Corporation，PTC）的重要产品，在三维造型软件领域中占有着重要地位。Pro-E作为当今世界机械CAD/CAE/CAM领域的新标准，而得到业界的认可和推广，是现今主流的模具和产品设计三维CAD/CAM软件之一（图7-3）。

Pro-E第一个提出了参数化设计的概念，采用了模块方式，如果要进行零件制作、装配设计、钣金设计、加工处理等，Pro-E就是非常合适的软件了，能保证用户可以按照自己的需要进行选择使用。

4. Alias软件

Alias，Autodesk Alias（前称为Alias Studio Tools）的简称，是Autodesk公司旗下的计算机辅助工业设计软件，支持从平面创意草图绘制到高级曲面的构建。Alias软件有极高的自由度，可以对构建的曲面、曲线精确的点进行细致雕琢，提供极高质量的造型曲面（图7-4）。

Alias软件在汽车、船舶、摩托车、飞

图7-2　3DS Max界面

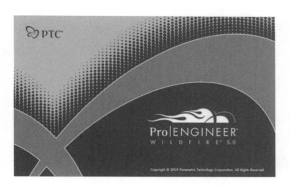

图7-3　Pro-E界面

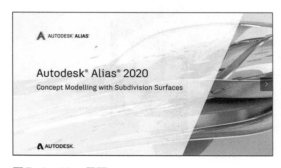

图7-4　Alias界面

机、运动器材和时尚用品等高端造型设计领域中广泛运用。Alias软件的特点是操作复杂，入手较困难。

5. SolidWorks 软件

SolidWorks公司成立于1993年，由PTC公司的技术副总裁与CV公司的副总裁发起，总部位于美国马萨诸塞州的康科德郡（Concord，Massachusetts）内，当初的目标是希望在每一个工程师的桌面上提供一套具有生产力的实体模型设计系统。从1995年推出第一套SolidWorks三维机械设计软件，至2010年已经拥有位于全球的办事处，并经由300家经销商在全球140个国家进行销售与分销该产品。1997年，SolidWorks被法国达索（Dassault Systemes）公司收购，作为达索中端主流市场的主打品牌（图7-5）。

资料显示，目前全球发放的SolidWorks软件使用许可约为28万，涉及航空航天、机车、食品、机械、国防、交通、模具、电子通信、医疗器械、娱乐工业、日用品/消费品、离散制造等分于全球100多个国家的约3万1千家企业。在教育市场上，每年来自全球4300所教育机构的近145000名学生通过SolidWorks的培训课程。SolidWorks软件功能强大，易学易用，可以较好地辅助产品设计。

6. UG 软件

UG（Unigraphics NX）是Siemens PLM Software公司出品的一个产品工程解决方案，它为用户的产品设计及加工过程提供了数字化造型和验证手段。这是一个交互式CAD/CAM（计算机辅助设计与计算机辅助制造）系统，功能强大，可以轻松实现各种复杂实体及造型的建构（图7-6）。

这款软件侧重于模具设计和机械加工，如果将来从事数控加工或者编程，学习UG是比较合适的。

目前产品设计专业学生用得较多的是犀牛软件，这个"傻瓜式"的产品设计软件上手比较容易，能够增加学生的学习兴趣，广受学生欢迎。

图7-5　SolidWorks界面

图7-6　UG界面

二、建模思路

1. 数据建模

数据建模是用犀牛软件建模必须遵守的规则之一，这样才能保证模型的真实性。在平时的教学中，我发现很多学生建模都是凭感觉，不设置软件的单位，也不用数据建模，这样的操作怎么能建出真实、好看的模型呢。一个产品的大小，一个角的倒角，一条边的倒边，这些都必须是可以测量的，都必须用精确的数据来表示。失之毫厘谬以千里，建模必须要严谨，这样才能保证后续的工作能正常开展。

2. 思路

建模要有整体思路和实体概念，在启动软件之前，头脑中要有模型的样子，要知道用什么方式建模，以及建模的步骤。模型要制作得完整，一点一点细化，不能半途而废。

3. 建议步骤

（1）建模前分析。根据自己所画的设计方案草图，仔细观察草图，了解所要建产品模型的形态结构，分析它是什么造型，用什么方法可以建出来。如果所建模型是复杂的组合物体，我们应该怎么样去拆开并分析这个组合整体，分析它是由哪几个造型部分组成，建模的时候应该先做哪个部分，再做哪个部分。在没有完全理解物体的情况下，不宜草率下手建模。

（2）做大型。运用线→面→体的顺序，建产品大的造型。先画线，分析哪些线要画、该画，哪些是多余的、不该画。画线时，注意线条的走向，因为如果不符合犀牛软件的程序要求，就形成不了面。所以，画线需要严谨和耐心，只有把线画好了，才能更好地表现设计意图，产品模型才会更美观。然后，根据线来做产品的面和体，最后，将它们组合成主体形态。这时候，要合理运用犀牛软件的图层命令，将所有内容分门别类地放置，有利于提高建模效率。

（3）抠细节。大的造型做好了，就可以慢慢地来抠细节，如倒角、按键、脚垫等。这些细节也各有各的技巧，比如倒角，要先大后小，否则就做不出来。所以，做细节也要有整体思路和顺序逻辑，先想好再行动。

三、抠细节

优秀的产品设计追求细节上的精益求精，往往也是因为细节能够感染和打动消费者。所以，在产品设计中，细节设计具有十分重要的意义，是要重点考虑的一项因素和内容。精致的、全面的、独特的细节设计，能提升产品模型的真实性、层次感，使塑造的产品素模更加独特，更具美感。好的细节设计能够提升产品的档次，有细节的产品更加耐看。产品细节之处的每一个线条、按键、曲面和倒角，都表达出产品的功能和个性。

1.抠倒角

倒角指的是把工件的棱角切削成一定斜面的加工。倒角是为了去除零件上因机加工产生的毛刺，也为了便于零件装配，一般在零件端部做出倒角。

通过倒角这一造型，产品的形体变得多样化，这种造型方式在点、边、面之间建立起联系。建模的时候，可以通过对不同形体面衔接处，采用不同的倒角处理方式，将不同的语义传达给消费者，并通过外观视觉形式的示意，来实现人机之间信息的交互。产品的形体是由不同的面拼接而成的，倒角的处理方式可以引导消费者理解产品所包含的信息和目标意义。倒什么角，要根据方案的功能、风格、用户等来选择。无论倒什么角，尺度一定要把握好，倒大了会显得粗糙，倒小了又看不到效果，所以，倒角的时候要多试、多比较，选择一个视觉最舒服的尺度。

（1）直角和圆角。倒角有倒直角和倒圆角。直角给人男性、硬朗、强势的感觉；圆角给人女性、柔软、温暖的感觉。直角、圆角各有各的美（图7-7）。

（2）平面过渡型倒角。此类倒角是最为常见的一类倒角，并没有明显分型线。作为体感的圆滑过渡，丰富造型多样性，提升产品整体的美感（图7-8）。

（3）平等型倒角。平等型倒角的特征在于水平线彼此平行，而其断面轮廓的边缘则垂直于彼此。平等型倒角赋予产品静止和稳定感，该类型的倒角半径适度，产生硬朗而精致的"线"，突显产品的工艺感、整体感及稳重内敛的气质（图7-9）。

（4）背离型倒角。从形态上来看，背离型倒角的曲线与直线呈现出互相排斥的不同关系。背离型倒角的变化不仅限于折线和曲线上，还包括角度和虚空间的变化。背离型倒角所蕴含的含义更加丰富多样，体、面转折和立体空间的节律变化使其具有动态特征。手机按键和电脑键盘是最具代表性的例子，背离倒角使它们形成的独立区域，让交互使用感更为突出（图7-10）。

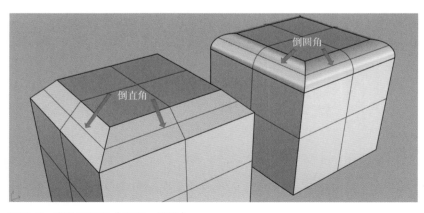

图7-7　直角和圆角（作者：关艳）

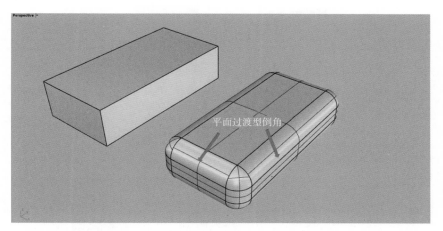

图7-8　平面过渡型倒角（作者：关艳）

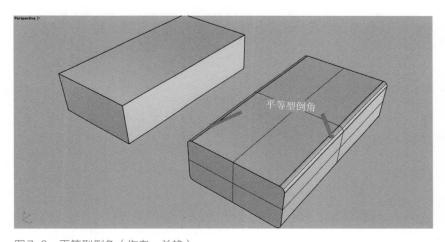

图7-9　平等型倒角（作者：关艳）

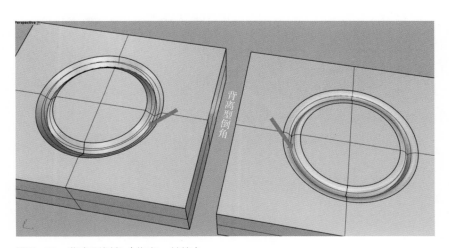

图7-10　背离型倒角（作者：关艳）

（5）相关型倒角。相关型倒角所隐含的语义是"合"，形态特征在于显示出被包裹、靠近、吸引和友好的感觉。相关型倒角产生的虚空间在部件之外，使整个产品的体量感明显变小，不仅削弱了矩形呆板、冷漠的形象，也使整体造型显得更为简约。相关型倒角通过视觉上的薄化来减小产品的体量感，提升产品的亲和力。电子产品广泛应用相关型倒角形态（图7-11）。

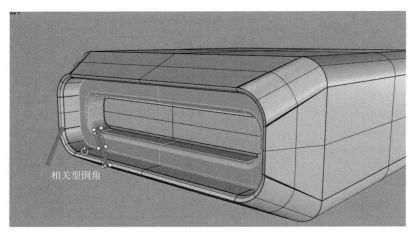

图7-11　相关型倒角（作者：关艳）

2.抠按键

任何产品都避免不了开关按钮的存在，按键是细节设计展现之一。按钮是一个具有明确指示动作的交互元件，是产品人机交互当中最重要的部分。一个产品的按键部分是否好看和好用，很大程度上影响着用户的体验感，所以，按键的设计是非常重要的。

不同的产品对于按钮的造型设计也是不一样的，形式上有推拉、旋转、按压、翻动、滑动等，应根据产品的功能特点、造型特点，考虑美观性与合理性的同时，丰富产品特质，提升使用体验和产品品质。一个优秀的按键设计应该在符合人机工程学的基础上，有简洁舒适的外观，有品质的触感以及与整个产品风格相协调的关系（图7-12）。

设计按键注意事项如下：

（1）按键与产品主体连接缝隙的大小。缝隙处倒角大小，并不是倒角越大越好，相反，较为精致的倒角可以给产品增加一些高级感（可以参考iPhone、小米的产品）。

（2）按键造型并非简单的圆柱状，按键的设计可以根据产品的形态设计，如凸起、凹陷或其他形状，可以多在相关网站收集参考。

（3）设计按键的高度和颜色时，可以根据产品在视觉是否需要突出按键来进行调节。

（4）按键边缘处可以采用不同的材质，来增强按键的质感和细节。

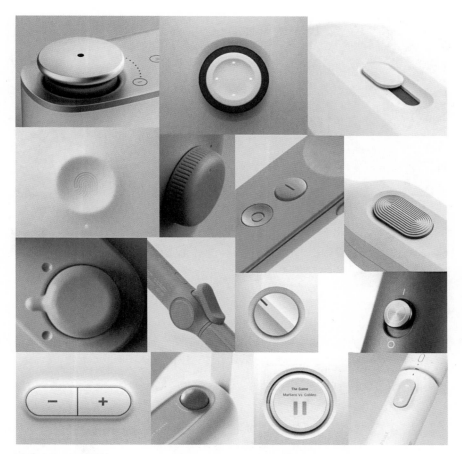

图7-12　产品按键

3. 抠LOGO

LOGO是产品设计中必不可少的细节，能够给方案增加真实感，起到画龙点睛的作用。这种细节设计往往能很大程度上提升产品设计的品质感、层次感（图7-13）。

抠LOGO处理技巧：

（1）LOGO形态。如果是针对某一品牌进行的产品设计，可以直接用品牌LOGO。但是我们学生做的方案大多都是虚拟的，不针对具体品牌，这时我们就用"LOGO"来代替。关于LOGO的造型，可以直接用犀牛软件自带字体，选择与产品风格一致的、好看的字体即可。LOGO可以做立体的，也可以做平面的，根据设计者审美和喜好来。

（2）LOGO配色。LOGO做成什么颜色，可以根据产品工艺，也可以根据产品的配色和色彩趋势、设计师的审美来定夺。

（3）LOGO工艺。常见的LOGO加工工艺有：丝印、移印、镭雕、图案阳极氧化、烫金烫银、凹凸涂色、双色PVD、镶嵌贴合、透光表皮＋背光等。LOGO工艺可以根据设计师审美来选择，在渲染软件里面做出相应的效果即可。

图7-13　产品LOGO

4.抠交互界面

很多产品上会有一些交互的图标和符号，比如电源开关图标、音量大小的调节图标等。这些图标设计，可以提高产品的可用性和用户体验，让用户使用起来更加自然、高效。这些细节的设计可以增加模型的真实性和精致度，也是在做模型时要认真对待的地方（图7-14）。

图7-14　产品交互界面

5.抠孔

有些产品造型或者功能需要，要设计一些孔，比如散热孔、装饰孔等。散热孔既是产品的功能需要，也是产品细节的需要，它能起到美化、装饰的作用。对于需要散热的产品，比如机箱、机柜等，一定要好好地设计。孔设计的原则是：达到功能需求，符合产品主题，与产品风格统一，美观（图7-15）。

图7-15　产品各种孔

常见孔：

渐变孔——由大到小，或者间距有规律地变化。

真假孔——表面有孔造型处理，但是没有真正打通。

渐消孔——做出有层次变化的孔洞表面。

多形孔——不同形状，比如圆、跑道圆、三角形等，有规律地排列。

无论是设计散热孔还是装饰孔，都需要考虑孔的大小、间距、加工处理等问题，要做到既好看又实用。

6.抠提手

提手是用来手持产品的部位，对于用户体验来说，扮演了至关重要的角色。提手设计既能够实现功能性需求，提升产品便携性，同时也能够改善产品的外观形象。优秀的产品提手设计，可以增加产品的使用体验和视觉效果（图7-16）。

7.抠脚

丹麦设计大师汉斯·瓦格纳曾说过："一件家具永远都不会有背部。"当我们在使用产品或是拿起观察产品时，我们看到产品的底部、背面，依然被精心设计，那带给我们的是对产品的认同和信赖。因此，对于产品的脚部我们也不能忽视，也应该围绕产品的创意主题、造型特点、风格特色等，做细致的处理和精细的设计。（图7-17）。

图7-16 产品提手

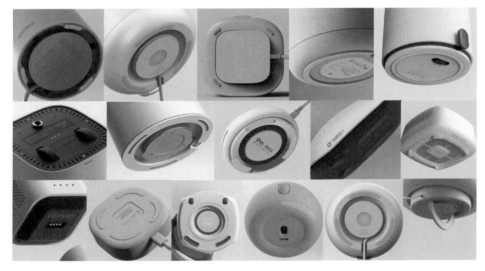

图7-17 产品的脚部设计

抠脚处理技巧：

（1）脚部造型。脚部造型需要根据产品的整体形态和风格来考量。

（2）脚部安装方式。脚部主要有与主体一体的形式、独立形式两种。可以根据产品的具体功能、使用的方便性等因素来选择。

（3）脚部材质。脚部材质可以和产品的主体材质一致，也可以用点缀的方式用其他材质，但整体上要有呼应，如脚部与盖子呼应。脚部材质不能孤立存在。

（4）脚部配色。脚部的配色可以与主体统一，也可以用跳色，起到点缀作用，具体要根据整体审美来判定。

8.抠连接线

一些需要接电的产品，如电水壶、电饭煲、台灯等都有连接线，无论是直接连接，还是间接连接（隐藏式、方便收纳式、设计独立的连接口、CMF区分等），这种细节之处，我们都要认真设计，严格对待，设计依据就是好看好用（图7-18）。

图7-18　产品连接线

9.抠分缝线

在产品设计中，分缝线也是需要考虑的，如产品怎么拆件，分缝线怎么处理，缝隙应该多大，分缝线也是产品不可割舍的一部分，都值得去推敲，让产品更耐看。如果一个方盒子什么都没处理，增加分缝线，增加倒角细节，瞬间就会有所变化，这就是分缝线的重要性（图7-19）。

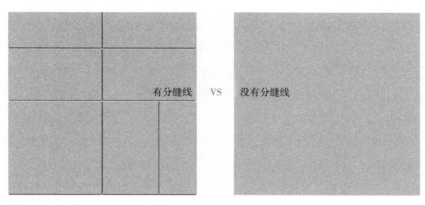

有分缝线　vs　没有分缝线

图7-19　分缝线（作者：关艳）

四、模型评价

什么样的模型才是做到位了？真实、精致而有细节。

我们对模型的评价靠的是感觉，为什么有的模型感觉好，有的模型感觉不好呢？一个用犀牛软件建的素模，有的看起来完整、舒服、好看，有的看起来就感觉不对劲，视觉让人感觉不舒服。初学者一定要多看优秀模型，多看、多想、多学习、多借鉴。

第二节
渲染

渲染就是各种渲染软件给模型赋材质、打光、加场景等，使方案接近真实产品。

什么样的渲染图才算到位呢？评价的依据就是"逼真"，达到以假乱真的效果。别人看到你的图时，"这是效果图还是产品摄影图"，如果你的图能够让观众发出这样的疑问，你的渲染图就到位了。

效果图真实感渲染的技巧：向摄影师看齐，向现实世界看齐。

现在学生渲染一般使用KeyShot软件，上手容易，对计算机配置要求也不高，对显卡和驱动也没有特殊的要求，渲染速度快，效果也非常逼真。一个具备视觉冲击力的产品渲染图，是我们应该努力的方向。

一、模型布置

KeyShot的强项是渲染，所以模型、场景等都需要在Rhino中布置好。大体量的模型，细节丰富的模型，可以直接导入KeyShot，然后调整构图，再进行下一步。

细长形状的产品模型、细节不是很多的模型、体量较小的模型等，这样的模型视觉感受较弱，需要通过复制、阵列等技巧增强视觉冲击。最好提前在Rhino里布置好，然后导入KeyShot软件进行渲染。是有规律地复制，还是没有规律地复制，这个需要具体问题具体分析，选择的依据就是突出创意、美观。同时还要注意虚实的对比，用景深塑造场景氛围感。

如图7-20所示为一款概念驱除雾霾机设计方案，模板本身有一定的体量，细节也比较多，类似这样的模型，就可以确定好视角之后，用渲染软件直接渲染。

如图7-21所示，像笔这种细长造型的产品，在布置模型的时候，可以用横向复制、纵向复制、有规律复制、无规律复制的方法来处理，可以增强视觉冲击力。但是也不绝对，要具体问题具体分析，从审美角度考虑。

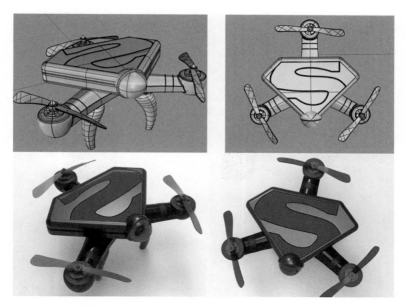

图7-20　驱除雾霾机（作者：桂梦妍）

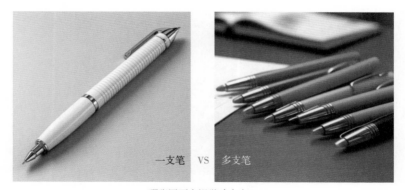

一支笔　VS　多支笔

哪张图更有视觉冲击力？

图7-21　细长产品布置对比图

二、构图

模型导入后，需要调整画面进行构图。这个步骤需要有"摄影师的构图眼光"。我们应该站在专业产品摄影师的角度对画面进行构图，既能突出主体，又能看到创意和细节。单产品的构图要着重突出产品及细节；多产品的构图，要注意虚实对比、主次对比。

案例：

如图7-22所示，左边和右边，哪个构图角度更好？左边的构图既能看出产品的功能，细节展示也比较深入丰富。右边的构图比较有冲击力，但是信息展示得不够丰富和明确。所以，经过综合比较，左边的构图比较合适。

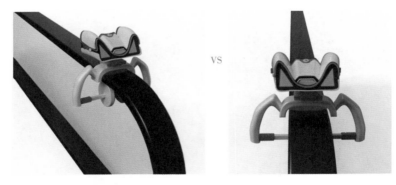

图7-22　楼梯扶手消毒仪（作者：刘伟）

三、CMF

始于颜值，对产品来说也不例外。CMF是颜色、材料、表面处理的概括，是决定产品颜值的三大因素。在进行CMF设计时，不能一味地表现个人审美，以下因素，需要综合考量：

（1）产品行业属性。

（2）产品功能特点。

（3）产品使用场景。

（4）产品加工工艺。

（5）产品人机工程。

（6）产品市场审美。

产品CMF设计的终极目标就是"逼真、好看"，合适的色彩搭配，真实的材料质感。这需要像做实验一样，反复试验，反复感受，反复评价。产品贴图的时候，一定要注意贴图纹理的大小、疏密，这些参数需要反复地试验，当视觉上与现实生活中所看到的物品相同的时候，才算调节到位。

案例：

如图7-23所示为概念摩托CMF；如图7-24所示为电缆检测修复智能机器人CMF。

图7-23　概念摩托CMF（作者：关艳）

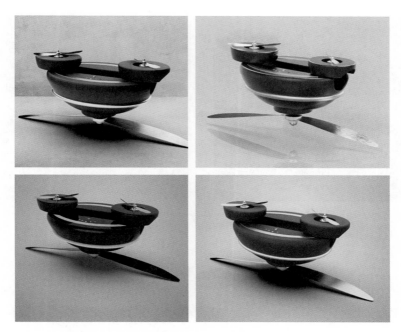

图7-24　电缆检测修复智能机器人CMF（作者：董唯）

四、打光

　　光线对产品形体的塑造、对画面氛围的烘托、对画面基调的强化等，起着极其重要的作用。光的温度、色调、明暗，都会让整个画面熠熠生辉，脱胎换骨。首先，有光才能看见产品，才能看见产品细节。其次，产品的画面质感需要光，这直接关系到产品是否好看。最后，产品的色彩需要光，形体转折需要光，产品色彩的整体性和明暗整体性都靠光，有了光，才有色彩和体积感、重量感。

　　如何布光呢？需要具体问题具体分析，原则就是符合产品功能性格的前提下，突出造型、细节、美感。具体实践中，可以先做出整体的明暗关系，再到细节刻画，前后层次、空间关系的区分，同时注意与材质的配合，反复调整，以达到最佳效果。

五、场景

　　场景的作用是衬托主体，不能喧宾夺主，整个画面要突出创意、突出产品、突出细节。选择场景颜色时，一般深色产品用浅色背景，浅色产品用深色背景，通过对比，突出主体，但也需要具体问题具体分析。如果场景是产品使用环境时，场景和主体模型之间一定要有前后、主次之分，主体物强，场景弱。如图7-25所示为使用场景和颜色场景案例。

图7-25　场景（作者：关艳）

六、出图

效果图展示的底层逻辑是运用一些产品元素或相关元素，进行平面的重构、组合，传达出产品的核心设计理念。效果图出图的目的是传递出设计理念及相关信息，后期将要围绕设计的核心理念、特点、材质、配色、卖点、使用方式等因素进行设计排版，合理设计好版面出现的元素、形式，结合适当的语言，以达到创意的有效传递。

1. 质量

根据后期排版的需要，效果图一定要是高质量图片。原则上来说，只要设备和时间允许，尽量出大图，尺寸越大越好，分辨率越高越好。作为学生来说，排A3的版，尺寸如图7-26所示，出图3000像素×3000像素即可，4000像素×4000像素更好。如果是其他尺寸的排版，根据版式尺寸出图。如果质量太低，图看不清；如果质量太高，功能过剩。

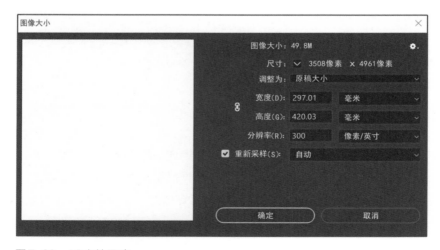

图7-26　A3文件尺寸

2. 主效果图

出图是排版的"备菜"环节，一定要准备充分。一般需要出产品主效果图、使用场景图、细节图、结构爆炸图、三视图。

产品主效果图，可以用有背景的图，也可以用没有背景的图。标准就是需要强烈展示你的创意，全面展示产品的整体设计信息。构图应以产品为中心，产品角度为侧45度，也是最突出创意和细节的角度。不过也没有定式，怎么能突出创意、怎么能好看，就怎么来。出图的时候可以从不同材质、不同配色、不同角度多出一些，排版的时候反复比较和筛选，选一张最能突出创意、最好看的图做主效果图。

如图7-27所示，这个作品是以场景图的方式作为主效果图，这种表现方式，可以让人直观快速地获得该产品的信息，如它是什么、可以用来干什么等。

图7-27　野地监测摄像头主效果图（作者：阮楚云）

3. 使用场景图

使用场景图非常重要，是必不可少的展示环节。场景图可以通过人物的出现、使用场景等，非常直观地阐述产品的使用方法，较文字更具感染力。除此之外，还能非常直观地输出信息，即通过人物等具体参照物的出现，告诉受众产品实物大小及直观感受；也可不同场景、不同材质、不同配色、不同角度多出一些图，供排版筛选（图7-28）。

4. 细节图

根据细节来出图，能将创意都展示出来，如图7-29所示。

图 7-28　无人机救援（作者：关艳）　　　　图 7-29　野地监测摄像头细节图（作者：阮楚云）

5. 配色图

在产品设计中色彩搭配是一个非常重要的策略。很多时候设计师在产品设计上限制太多或无法创新，也可以在色彩上进行创新，所以，产品配色是非常重要的设计元素之一，也是可以重点输出创意的一个设计点。如图 7-30 所示为概念哑铃配色；如图 7-31 所示为儿童哮喘康复训练仪配色。

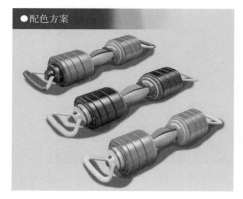

图 7-30　概念哑铃配色（作者：扈珑）　　　　图 7-31　儿童哮喘康复训练仪配色（作者：侯璟萱）

6. 结构爆炸图

结构图是把产品内部结构表现出来，不要求画得像标准工程制图一样精准，但是需要把内部结构以及机构原理进行展示，让观众进一步地了解产品创意和产品可行性。爆炸图就是产品的立体装配图，可以选择单项"爆炸"、双向"爆炸"或者三向"爆炸"，也可以只"爆炸"产品某一关键局部，如图 7-32、图 7-33 所示。

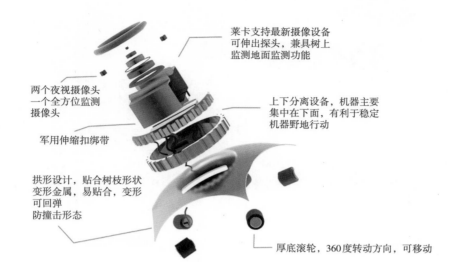

莱卡支持最新摄像设备
可伸出探头，兼具树上
监测地面监测功能

两个夜视摄像头
一个全方位监测
摄像头

上下分离设备，机器主要
集中在下面，有利于稳定
机器野地行动

军用伸缩扣绑带

拱形设计，贴合树枝形状
变形金属，易贴合，变形
可回弹
防撞击形态

厚底滚轮，360度转动方向，可移动

图7-32　野地监测摄像头结构爆炸图（作者：阮楚云）

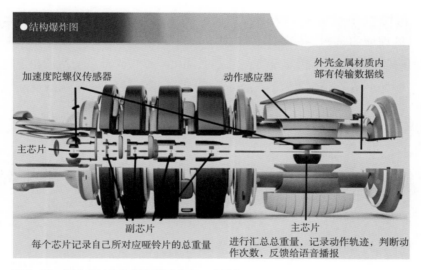

●结构爆炸图

加速度陀螺仪传感器

动作感应器

外壳金属材质内
部有传输数据线

主芯片

副芯片

主芯片

每个芯片记录自己所对应哑铃片的总重量

进行汇总总重量，记录动作轨迹，判断动
作次数，反馈给语音播报

图7-33　概念哑铃结构爆炸图（作者：扈珑）

7. 三视图

　　产品有六个面，应该是说六视图。但由于很多产品的相对面是一样的，所以常只要求
三视图。三视图是观测者从上面、左面、正面三个不同角度观察同一个空间几何体而画出
的图形，是为了完整清晰地表达出物体的形状和结构。三视图是主视图（正视图）、俯视
图、左视图（侧视图）的总称。三视图一方面可以展示产品各个面的结构。另一方面，通
过标注尺寸可以传达产品的体量、大小等信息。

如图7-34所示为概念哑铃三视图，是以白描的方式来展现产品，通过图示，观众能感知这个产品的尺寸、结构等信息。

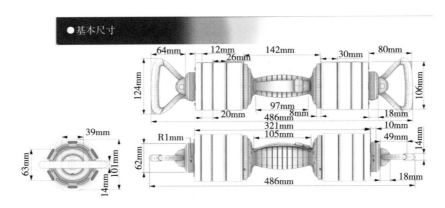

图7-34　概念哑铃三视图（作者：扈珑）

8. 使用流程图

产品使用流程图的目的是帮助我们清晰地了解整个产品的使用流程，包括各个步骤、环节、顺序和关联等，以及各种可能的操作选项、问题和解决方案等。它可以促进我们对产品的理解和掌握，提高产品的使用效果和用户体验，同时也可以发掘和解决可能存在的问题和瓶颈，从而实现产品的不断优化和提升。产品使用流程图里面的各个状态的图，都是出图的环节要做的工作。如图7-35所示为儿童哮喘康复训练仪使用流程图。

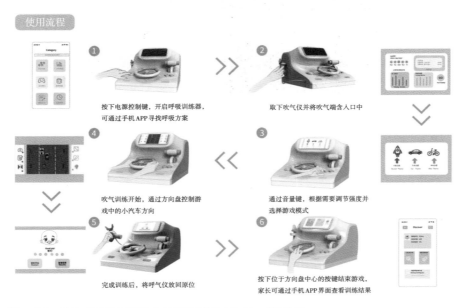

图7-35　儿童哮喘康复训练仪使用流程图（作者：侯璟萱）

第三节
版式设计

　　版式设计是指将文字、图片、图形等元素在版面上有序地排列，形成美观、整洁、有组织结构布局的设计过程。版式设计是一个创意完整呈现的重要环节，出彩的版式设计能够给创意加分，糟糕的版式设计会拖创意的后腿。一个优秀的作品是所有步骤的优秀相加，每个步骤都非常重要，都应该尽全力做到最佳。

一、版面的组成要素

　　产品设计的版面主要由图片、文字和颜色三个部分组成。图片主要包括创意主效果图、场景图、使用流程图、细节图、三视图。文字主要包括作品的名称、设计说明、细节说明等内容。颜色主要包括图片的颜色和文字的颜色。这些是产品设计版面的基本要素，是观众在观看时，能获得的最基础的信息。可以在基础版之上，增加研究背景、研究意义目的、问题分析、设计定位、界面展示等内容，让整个版面更加完整和系统，如图7-36所示。

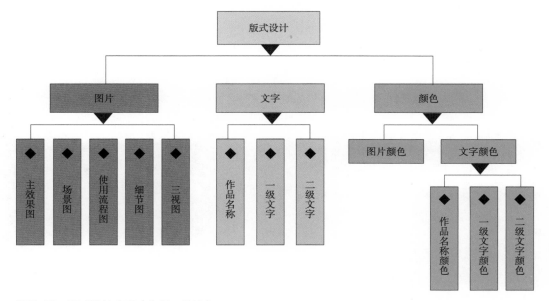

图7-36　版式设计内容（作者：关艳）

如图7-37所示为电子纸打印机产品版面设计，版面采用左中右三分法，左边是主效果图，中间是设计说明和使用场景介绍，右边是细节说明和使用流程介绍，版面主次分明，条理清晰，将创意展示得完整完美。该作品获得2010年"TTAF杯"酷玩娱乐终端延伸产品设计大赛优秀奖。

图7-37　电子纸打印机（作者：余正僚、邓颜伟）

二、版式设计原则

产品设计的排版原则是"两个重要突出""一个随"。

在所有的图片里面，主效果图需要突出，即给主效果图最大的版面和最明显的位置。版面所有图片通过大小对比，形成主次关系，这样观众在看的时候，一下子就能抓住创意点，形成评价。所以，主效果图的选择就非常重要，是用场景图还是用非场景图，评选标准就是哪个图片能够突出独一无二的创意，就用哪个图。

在所有的文字里面，作品名称重要突出，可以通过字体、字形、字号、间距等设计进行突出。

"一个随"就是字体的配色跟随主效果图。一般情况下，字体用黑白灰是可以的，如果要给作品名称或者一级标题配色，这个时候就要遵循"一个随"的原则。具体的操作就是，在PS软件中用吸管工具在主效果图里吸取颜色，赋给字体，这样版面里面所有颜色都是协调统一的。如果要用对比色、互补色对作品名称的文字进行配色，要注意色彩的呼应，不要让哪一个颜色孤立地在版面里。比如作品名称的颜色，可以和一级标题呼应。

如图7-38所示的版式信息完整，图片和文字设计都有视觉张力，能够快速吸引人眼球，主要信息突出，其他信息安排具有活泼感、自由感。图片和作品名称突出，文字用绿色，随主效果图。这就是"两个突出，一个随"。整个版式无论是内容，还是文字设计、配色都非常好，是比较优秀的版式设计。

图7-38　版式设计内容（作者：蒋佳军）

三、一些技巧

1.排版技巧

排版可以采用"做饭法",注意"先完整再完美"。把做饭的原理运用到版面设计中,我把它称为"做饭法",就是像做饭一样,先把所有的食材都摆到台面上,然后进行调配。同理,嫁接到版式设计里,就是先把所有的素材放到版面里,然后进行大小、位置、颜色的设计。这里的素材指的就是一个产品设计版式的组成要素:图片(主效果图、场景图、使用图、细节图、尺寸图等、结构图)、文字(作品名称、设计说明、其他文字等)。先完整,再考虑完美。一个产品设计的版面,观众在看的时候,想获取的信息有:这是什么东西,是用来干什么的,是如何工作的,什么时候用,什么地方用,体量如何,用的什么技术、材料、工艺,解决了什么问题,等等。观众想获取的信息就是我们的版面应该呈现的内容,所以,我们应该把这些信息在版式里,完整地展现出来。在保证信息完整性的情况下,再来考虑如何构图,如何安排图片,如何设计文字,如何搭配颜色,如何让我们的版面有视觉冲击、让人眼前一亮、更有美感(图7-39)。

图7-39 "做饭法"示范

2.调图技巧

调图技巧可以用主效果图撑满法。如果是竖版,则将选定的主效果图撑满版面的左、右、上边缘,给主效果图大于1/3小于1/2的幅面,将作品名称放在主效果图上,剩余的空间再来安排其他内容。如果是横版，将主效果图撑满版面上、下、左边缘，或者整个版面，在空余的地方调配其他内容。这种方法很容易上手，并且效果也还不错，非常适合初学者（图7-40）。

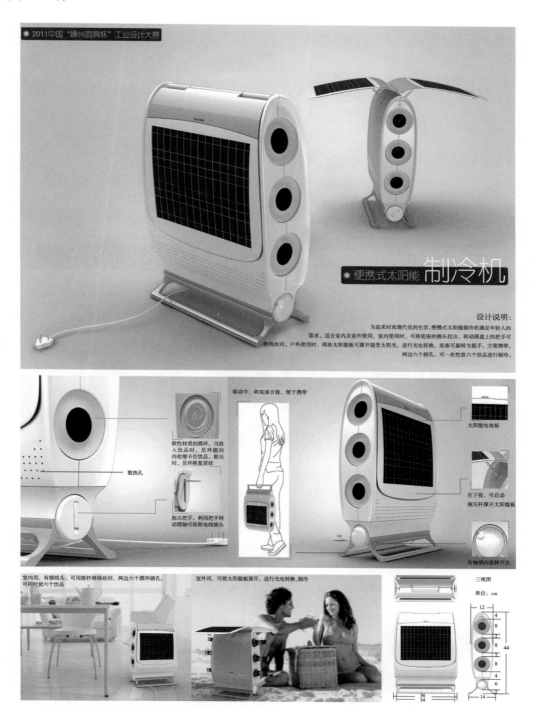

图7-40　便携式太阳能制冷机（作者：余正僚）

如图7-40所示的版面采用了上、中、下三分样式，上部分使用了主效果图撑满页面的手法，作品名称写在图的空余地方；细节图和场景图放在中、下部分。整个版式条理清晰，色彩和谐，完整美观。该作品获得2011年中国"嵊州厨具杯"工业设计大赛二等奖。

3.起名技巧

作品名称对于整个创意来说，是非常重要的，好的作品名称给创意加分，所以为创意作品取名一定要认真对待。作品的名称要朗朗上口，好听好记，还要将创意融合进去。

第一种是"直述式"，就是用简练的语言直接说出产品的功能、材料、工艺、技术等。

如图7-41所示的可遥控水上救生装备："可遥控"直接表达产品的操作方式，"水上"直接说出产品的使用地点，"救生"直接说出产品的主要功能，是救援用的。几个关键词组合起来，让观众直接快速地获取创意信息，形成印象和判断。该作品获得海峡杯工业设计大赛优秀奖。

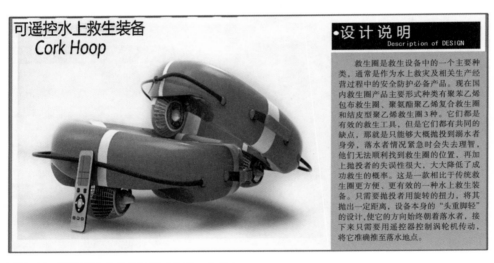

图7-41　可遥控水上救生装备（作者：余帆）

第二种是关键词法，就是将创意的关键词罗列出来，比如创意的风格、产品的主要功能、颜色等，然后在每一个关键词里面选一个字，进行新词创造，然后加破折号和具体产品功能。

如图7-42所示为一组专为盲人设计的沐浴露和洗发水，这套方案的关键词是洗浴、摸索，所以经过关键词打散重构，最后取名"探索浴"，将创意、用户、场景完美融合。

第三种是谐音法，将自己的创意与歌曲名称、书名、词语、成语等进行相关联想。

如图7-43所示《享瘦时刻》这个作品，这是一款专门针对有身材管理需求的人士设计的餐盘，用户可以根据餐盘上面的数据，定量用餐。"享瘦"谐音"享受"，作品名称既包含了创意，又包含了使用产品的目的效果，好记，好联想。

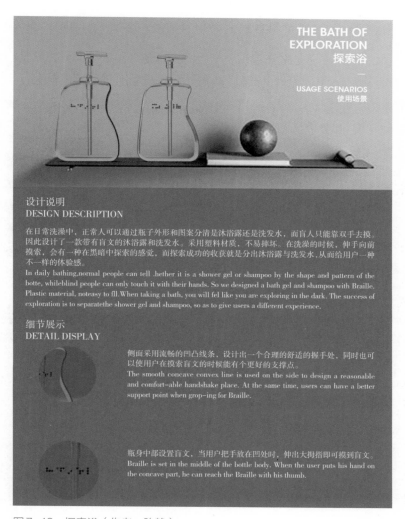

图7-42　探索浴（作者：陈静）

图7-43　享瘦时刻（作者：侯璟萱）

4.适当留白

排版的时候，同学们总是试图填满整个版面，容易为了填满而失去呼吸感和美感。其实我们可以适当地对版面进行留白。留白具有"此时无物胜有物"的感觉，运用于设计中，韵味随之出现。留下的空间，给人想象的余地，给人透气的地方，想象一下我们周围的空气，当比较拥挤时，呼吸也会感到不顺畅。留下的空间，与版面元素形成"空和满"的对比，也能更好地突出主题。

5.配色技巧

配色的目的就是突出主题，怎么能够突出主题就怎么配色。一般来说，建议初学者使用黑白灰的背景，深色的图就用浅色的背景，浅色的图就用深色的背景。不要加与创作主题无关的素材、边框。

6.文字技巧

首先是设计说明的文字撰写。设计说明在整个版面里面也是属于重要的部分，人们常说四分设计，六分表达。要让受众传达和接受设计思想，必然要有设计说明、理念阐述，也就是表达。设计说明是对图片信息的补充，看图是看表面的信息，而说明是可以表达深层次的信息，是可以给创意和图片加分的。

我们常说好的产品设计就是一个好故事，所以我们可以把设计说明当作一个故事来撰写。设计故事是与听众沟通的桥梁，即使不懂设计的人也能被故事所吸引。IBM的设计师古·格鲁恩（Dan Gruen）说："故事是一种跨文化和多学科的设计交流工具，他将技术和用户目标紧密地集合到了一起。"讲故事的方式有很多种，那么在设计中运用比较多的，也是设计师最容易掌握的，那就是情景故事。这种讲述的方式比较有场景感和代入感，更容易让听者接受。诗词歌赋、引经据典，调动观众的情绪，通过优美的文字传递画面感，通过画面引发联想和想象，要让你的文字去感动人、打动人，将观众带入，这样的文案就是设计说明该有的方向。用讲故事的方式来表达内容，这是一种极为有效的"走心"方式。

其他文字如细节说明、场景展示、三视图等，这些在版式里面算作标题，这类文字在版式要第二突出。配色可以用PS里的吸管工具，到主效果图里面去吸取颜色。整段说明性的文字一定不要大、不要突出，根据具体版面情况把握好文字的大小、间距、行距，可以用类似宋体这样笔画细的字体。这些文字一旦太大，就会散，让版式显得粗糙、不精致。

如图7-44所示为《折叠功能衣架》作品，采用了竖版上下分区，上方是渲染图直接做主效果图，在渲染图的空余地方，放置作品名称和设计说明。版面下方区域有细节展示、使用说明和方案草图等内容。该作品获得2022年广东省第十一届"省长杯"工业设计大赛入围奖。

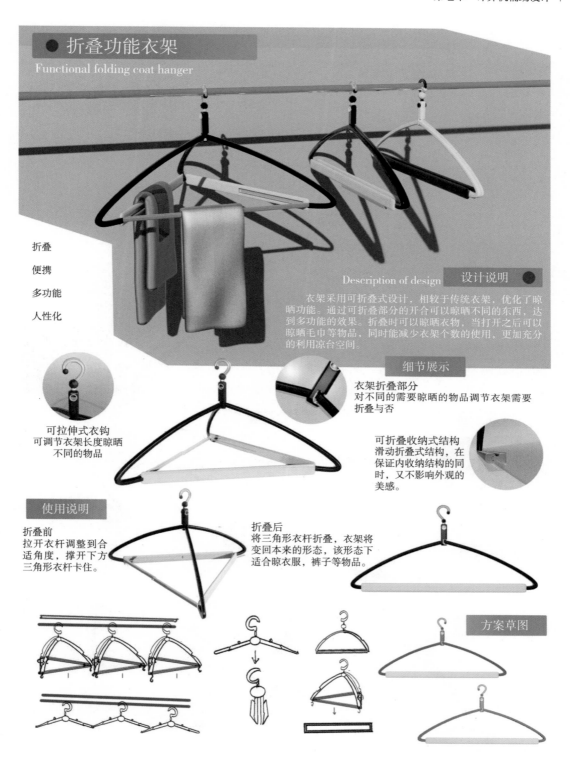

折叠功能衣架
Functional folding coat hanger

折叠
便携
多功能
人性化

Description of design 设计说明

衣架采用可折叠式设计，相较于传统衣架，优化了晾晒功能。通过可折叠部分的开合可以晾晒不同的东西，达到多功能的效果。折叠时可以晾晒衣物，当打开之后可以晾晒毛巾等物品，同时能减少衣架个数的使用，更加充分的利用凉台空间。

细节展示

可拉伸式衣钩
可调节衣架长度晾晒
不同的物品

衣架折叠部分
对不同的需要晾晒的物品调节衣架需要
折叠与否

可折叠收纳式结构
滑动折叠式结构，在
保证内收纳结构的同
时，又不影响外观的
美感。

使用说明

折叠前
拉开衣杆调整到合
适角度，撑开下方
三角形衣杆卡住。

折叠后
将三角形衣杆折叠，衣架将
变回本来的形态，该形态下
适合晾衣服，裤子等物品。

方案草图

图 7-44　折叠功能衣架（作者：文立凡）

如图7-45所示的版式的文字处理得就比较合适，所以版式看起来精致、有档次、贵气。

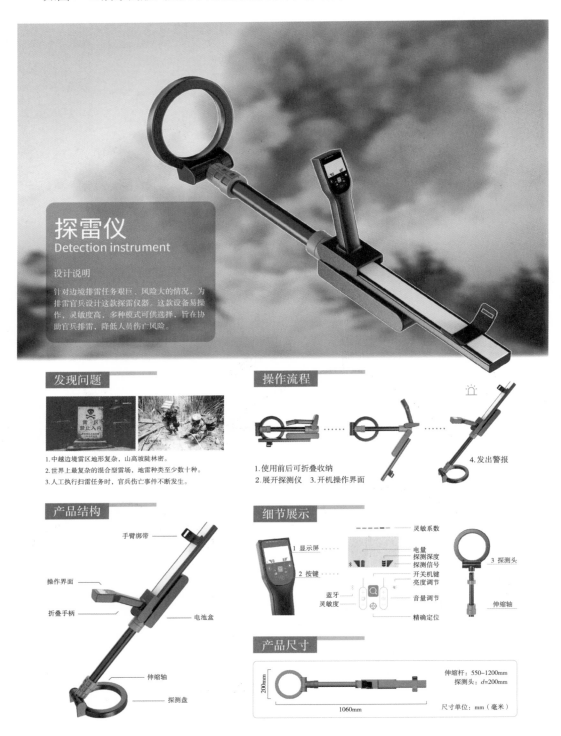

图7-45 探雷仪（作者：黄佳琪）

如图7-46所示的版式，首先，从内容上来说是完整的，是必须要交代的内容。其次，采用了"两个突出"原则，用撑满版面的技巧，使用灰色背景，文字的字体、间距、行距、大小也把握得比较好。

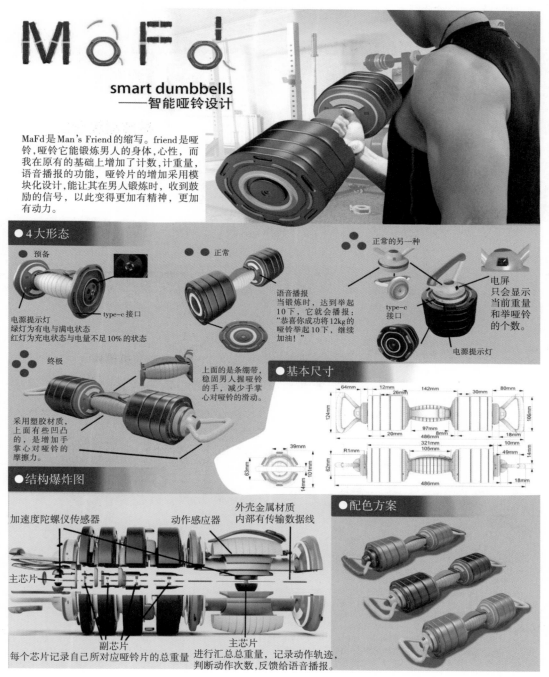

图7-46 哑铃（作者：扈珑）

如图7-47所示的版式主图使用了渲染图作为主效果图，模型精致，细节处理较好，质感把握得也很好，整体效果逼真，能较好地表达设计创意。作品名称采用了直述法，版面运用了"两个突出"原理，主图撑满左上，使用白色背景，文字的大小、间距、行距也把握得比较好，内容比较完整，是比较优秀的版式设计。

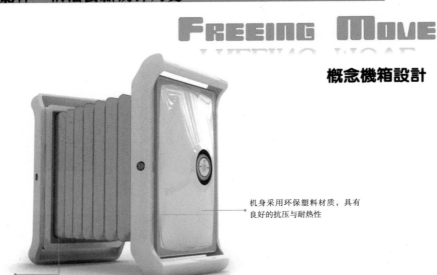

"航嘉杯"机箱创新设计大赛

FREEING MOVE

概念机箱设计

机身采用环保塑料材质，具有良好的抗压与耐热性

机身中间部分采用新型记忆性塑料材质，机身使用状态的不同，会发出不同的彩色光环，增添了几分梦幻效果。

i家·I do

——创意机箱我设计！

使用原理：

独特缩拉特性，减小了机箱体积。

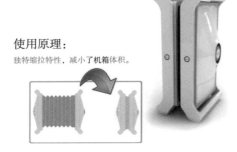

机箱常用按键，以及USB内置设计更好的方便了用户使用。

设计说明：

FREE ING MOVE为一款概念机箱设计，灵感来源于手风琴。手风琴独特的缩拉特性，以及和谐的造型很好的针对了传统机箱体积大、外型单一等问题。FREE ING MOVE设计在机身中间部分采用新型记忆性塑料材质，可以根据使用的状况的不同对机身进行缩拉，更好的减少了用户在搬运与拆卸时的麻烦。环保塑料使用，减少了辐射对人与环境的污染，更好的和谐了自然、机器、人的关系。同时，在机箱使用的过程中，会根据机箱使用的状况，中间记忆性塑料部分会发出不同的光色环，让冷冰冰的机器增添了几分温情。同时让机箱变得更加的时尚。

局部细节：

图7-47　概念机箱设计

如图7-48所示的版式，整体上分为两大部分，上面的部分是方案的整体展示，下面的部分是设计说明及细节等内容。第二个部分的细节说明，采用了上中下和左右布置的方式，构图上有对角线的感觉。整个版式构图和色彩，视觉上都比较舒服很精致。不足之处是没有三视图、尺寸图。

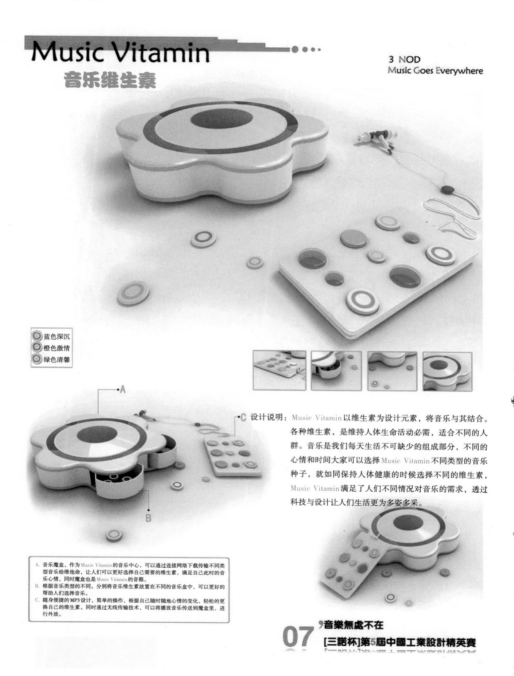

图7-48　音乐维生素（吕志强）

第四节
方案汇报PPT

方案汇报PPT是展示整个设计流程的幻灯片演示文稿，用来向同学、老师或者向公众、客户等展示整个方案的基本信息，包括设计来源、设计目的、设计理念、设计思路、可行性分析、执行效果、数据结果等。方案汇报PPT通常包括标题页、目录页、问题陈述页、目标和任务页、解决方案页、操作计划页、成本分析页、总结页、谢谢页等，其目的在于向观众传达想法、目标和思路，帮助他们了解方案。方案汇报PPT的内容应该清晰明了、直观易懂、逻辑性强，同时搭配必要的图表和数据，以支持传达你的方案，并将观众的关注合理分配到视觉元素和幻灯片文本上。

制作方案汇报PPT的目的和意义是为了有效地传递信息和思想，促进协作和交流，主要有以下几点：

（1）传达方案：制作方案汇报PPT的主要目的是向其他人传达自己的方案。PPT可以通过图文并茂的方式来展示方案的内容，加强人们对方案的理解和认同。

（2）展示思路：PPT可以展示方案制订的思路和过程，阐明自己的设计理念，使他人了解方案的核心思想，了解设计思路与执行计划。

（3）展示成果：制作方案汇报PPT可以通过多种形式展示方案的具体成果，比如数据分析、可行性分析和效果演示等，帮助人们更好地了解方案的实现情况。

（4）交流互动：在制作方案汇报PPT的过程中，可以与他人进行交流互动，听取意见和建议，得到更好的反馈，并不断改进方案。

一、设计原则"四用"

1.用重复

为了突出整个PPT的系统性和整体性，增强页面的联系感，可以将页面的一些组成元素进行重复，比如，重复LOGO、重复色彩、重复字体、重复背景图片等。

如图7-49所示的《压缩弹簧井盖守护者》PPT，使用的是一套网络下载的模板，直接在各个资源网站下载模板，这是比较高效的一种方法。下载的时候，应该注意与方案的适配度，比如颜色、风格等是否和谐。这套模板重复了颜色和三角形，与方案的色彩搭配也比较美观，让整个PPT文件有整体感和系统感。

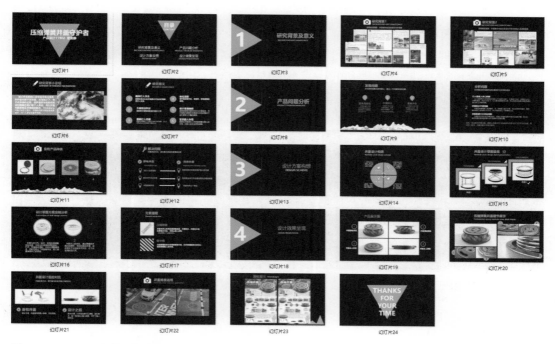

图7-49　压缩弹簧井盖守护者（作者：曾雯静）

2.用对齐

对齐是让页面都有美感的一种排版方法。PPT制作软件自带了各种对齐方式，比如左对齐、右对齐、居中对齐、顶部对齐、底部对齐等对齐方式，我们应充分利用这些方式，让页面美观，如图7-50所示。

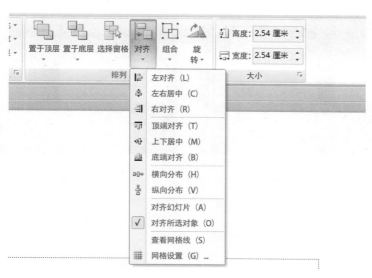

图7-50　对齐方式

3.用靠近

同一内容或相近内容，彼此有联系的内容，应该让它们彼此靠近在一起。

如图7-51所示，左图没有使用靠近，内容显得散漫、混乱。右图使用了靠近，内容就有了条理，看起来更清楚明白。

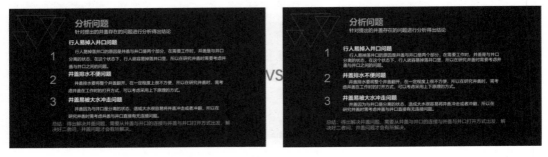

图7-51　效果对比①

4.用对比

重要的内容，想让观众一眼就看到的内容，可以进行突出和强调，方法就是对比。通过加粗、大小、形状、颜色、远近等对比，使内容有主有次、有重有轻，这样就能达到突出重点的目的。

如图7-52所示，左图的文字没有大小、颜色的对比，页面没有主次关系，视觉焦点不知道要放在哪里，不能够快速高效地传达信息。右图的文字运用了颜色、大小的对比，能够让观众快速获得信息，一目了然。

图7-52　效果对比②

需要注意的是：使用对比的时候，突出的内容比例不宜过多，突出的视觉效果要统一，否则会显得乱、花，也形成不了视觉焦点（图7-53）。

图7-53　效果对比③

二、设计内容"三不要"

1.不要大段的文字

PPT的每一页都要有的放矢，要以观众的视角去放置文字，使观众快速高效地获得有效信息，观众不喜欢、也不想去读大段的文字，所以不要去放置大段的文字，这种处理方法只会事倍功半。我们应该做的，是放置重要的文字、纲领性的文字、总括性的文字，如图7-54所示。

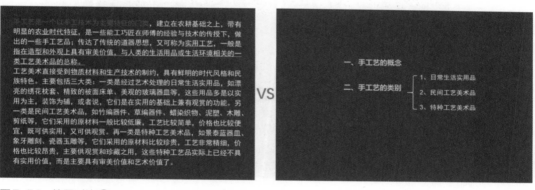

图7-54　效果对比④

2.不要五颜六色

要分清主色和辅色。主色有一两种即可，最多不要超过三种颜色。因为颜色多了，如果没有控制恰当，会显得画面凌乱，不知道看哪，有时候还会抢了中心焦点，反而失去主次。可以使用一两种颜色＋黑＋白＋灰，可以使用同色系的颜色，比如深红＋浅红，这样处理，整体效果会和谐，不会让人感觉杂乱无章。

3.不要字体多样

整套PPT的字体都尽量做到统一，通过字号的大小和是否加粗达到差异。字体由主到次的顺序依次是标题、一级标题、二级标题、正文，可以按照主次顺序设计字体大小和粗细。不同页面用不同字体，认为哪个字体好看就用哪个字体，这会使这套汇报文件失去统一性、整体性和关联性。

如图7-55所示为《压缩弹簧井盖守护者》方案汇报PPT。

（a）

（b）

（c）

（d）

（e）

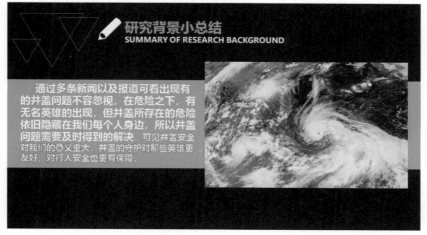

（f）

图 7-55

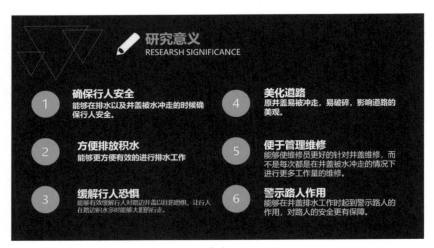

（g）

（h）

（i）

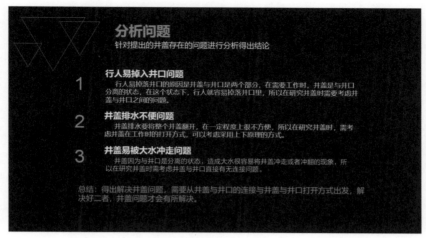

（j）

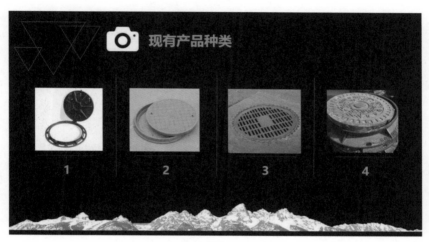

（k）

（l）

图7-55

（m）

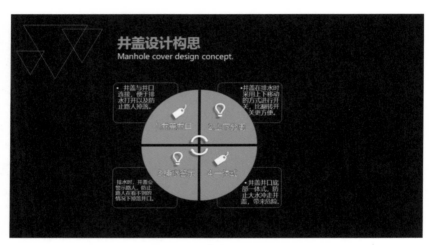

（n）

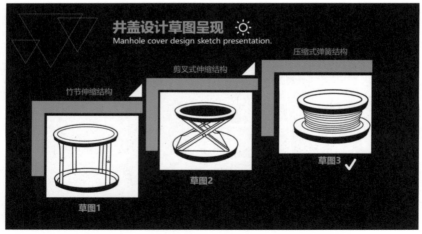

（o）

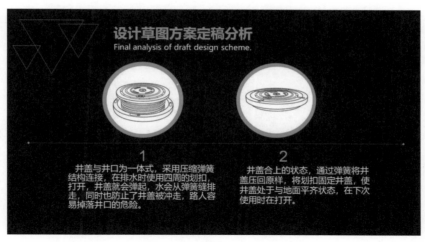

（p）

（q）

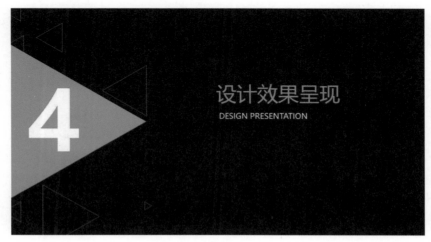

（r）

图7-55

（s）

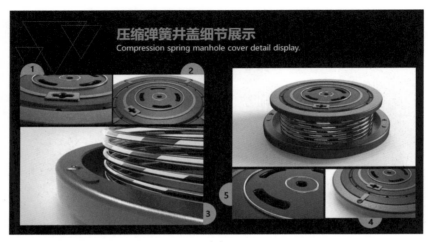

（t）

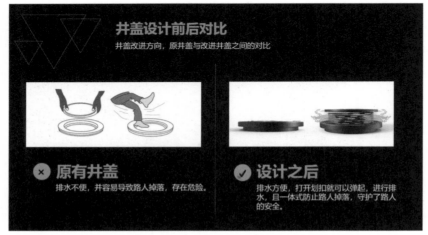

（u）

（v）

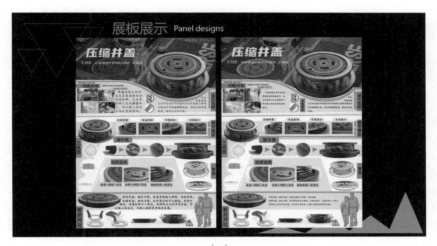

（w）

（x）

图7-55 方案汇报PPT（作者：曾雯静）

附：PPT模板下载资源

1. Office官网

在Power Point的开始页面就能找到很多精美简约的PPT模板。在Office官网上不仅有免费模板，如果开通了Microsoft 365，可以选择高级模板。

2. yangppt（羊PPT）

国内网站，有质量高的免费模板，非常不错。

3. 优品PPT

部分模板有些老旧，但还有很多不错的模板，可以看一看、找一找。

4. 51PPT

网站看着有些杂乱，部分模板比较接地气，PPT模板中选择"国外模板"，有许多优质模板可以下载。

5. 第一PPT

和51PPT差不多，分类比较多，有部分优质模板。

6. designshack

国外的一个分享网站，里面包含了很多内容，有PPT模板板块，而且质量很高。缺点是运行速度会比较慢。

7. 比格PPT

一个分享PPT模板和教程的博客，不过现在更新越来越少，以前的模板也有些过时。

8. Slidesgo

备用的PPT模板网站，质量也很不错，而且打开速度很快。缺点是部分收费。

9. PPT之家

页面简洁大方，下载时需要输入密码（密码：52ppt），整体质量偏高。

10. PPT宝藏

优点是没有广告，但模板内容较少。

11. PPTMON

PPT模板质量很高，很有设计感。缺点是国内运行速度较慢，下载下来的模板可能因为字体原因会出现乱码，自行调整即可。

12. 稻壳儿

内容丰富，有少数免费模板，优质的模板需要开通稻壳会员才能下载。

- 介绍了各种3D建模软件的特点，讲解了建模的思路、方法，从哪些细节去让模型达到真实的效果以及如何评价自己建的模型。
- 渲染是指将三维模型转换为二维图像的过程，包括计算光影、颜色、纹理等各种因素，最终生成一张逼真的图像。从模型的布置、角度的设置、CMF、打光、场景、出图等方面，详细讲解了渲染的思路。
- 好的版式设计需要考虑诸多因素，如版面整体效果、色彩搭配、字体选择、排版比例、图文平衡等，使设计作品既能够吸引人眼球、符合视觉感受要求，又能够应用于实际场景，传递理念信息。
- 阐述了方案汇报PPT的目的、意义，结合案例分析，翔实地讲解了方案汇报PPT的设计原则、内容的处理技巧等内容。附件内容分享了一些国内外比较好的PPT资源网站。

1.简述建模的方法和注意事项。
2.简述渲染的注意事项。
3.简述版式设计的原则、方法。
4.简述方案汇报PPT的原则和技巧。

参考文献

［1］王力，朱光潜，等. 怎样写学术论文［M］. 沈阳：辽宁教育出版社，2006.

［2］柳冠中. 事理学方法论［M］. 上海：上海人民美术出版社，2019.

［3］林崇德，等. 心理学大辞典［M］. 上海：上海教育出版社，2003.

［4］王受之. 世界现代设计史［M］. 2版. 北京：中国青年出版社，2015.

［5］李想. 工业产品设计中的视觉动力［M］. 4版. 北京：人民邮电出版社，2022.

［6］陈道斌. 工业产品设计与创客实践［M］. 北京：电子工业出版社，2018.

［7］刘传凯. 产品创意设计：刘传凯的产品设计［M］. 北京：中国青年出版社，2005.

［8］刘传凯. 产品创意设计2［M］. 北京：中国青年出版社，2008.

［9］何人可. 工业设计史［M］. 北京：高等教育出版社，2019.

［10］辛向阳. 中国好设计［M］. 北京：中国科学技术出版社，2015.

［11］张剑. 设计，叙述生活［M］. 上海：上海人民出版社，2013.

［12］贾伟. 世界是设计出来的［M］. 北京：中译出版社，2022.

［13］贾伟. 产品三观［M］. 北京：中信出版集团，2021.

［14］柳宗理. 柳宗理随笔［M］. 北京：新星出版社，2021.

［15］原研哉. 设计中的设计［M］. 济南：山东人民出版社，2010.

［16］杨明洁. 杨明洁设计实录：从慕尼黑到上海［M］. 北京：北京理工大学出版社，2007.

［17］佐藤大. 佐藤大的设计减法［M］. 武汉：华中科技大学出版社，2017.

［18］柳冠中，石振宇，汤重熹，等. 捕捉痛点：大师眼中的中国式厨房［M］. 厦门：厦门大学出版社，2017.

［19］深泽直人. 深泽直人［M］. 杭州：浙江人民出版社，2016.

后　记

　　交稿之时，百感交集。如释重负又忐忑不安。释放的是终于对这十七年的教学工作做了一个总结；忐忑的是读者会有什么反应，是褒是贬，是赞同还是鄙视。编这本书的目的，是希望用通俗易懂的语言提供学习"干货"，让学生们通过学习，能做出有分量、有价值的作品。同时，期盼同学们的作品能够在大展大赛中获奖；毕业时都能找到满意的工作，能够靠专业"吃饭"。

　　最希望病人康复的是医生，最希望学生学有所成的是老师。学生的成绩和建树，就是老师工作的最大成就。本着这个初心，我觉得这本书哪怕对同学们有一点点启发作用，我就感到无比欣慰。表述口语化较多，但是期望每个读者的感情是真挚的。学术浅薄，思维懒散，言语匮乏，讲不出深奥的大道理。如果本书能给您一点点帮助，我便十分欣喜。

　　人生漫漫，步履匆匆，白驹过隙，我已从刚入职时的"姐姐"级变成如今"妈妈"级老师，青丝变白发。爱生如己，爱生如子。如今的我满心满眼母爱盈溢，看着学生们，朝气蓬勃，我就开心，他们出了好作品，我就满足。有时恨铁不成钢，也不忍责备，只有焦虑和鼓励。不忍今日去，明日已到来。希望亲爱的同学们，努力经营当下，点滴汇聚成功，向下生根，向上开花，永远热爱生活，永远激情澎湃！

　　最好的时光，正在路上！

关　艳

2023年6月